非洲猪瘟防控实用技术

福建省现代农业产业技术体系丛书编委会
主　　任：陈明旺
副主任：陈　强　吴顺意
委　　员：陈　卉　许惠霖　何代斌　苏回水　徐建清

《非洲猪瘟防控实用技术》编写组
主　　编：王隆柏　张世忠　周伦江
编写人员：王隆柏　张世忠　周伦江　薛永钦　吴其文
　　　　　郭　庆　应清香　陈秋勇　吴学敏　林裕胜

海峡出版发行集团 ｜ 福建科学技术出版社

图书在版编目（CIP）数据

非洲猪瘟防控实用技术 / 王隆柏，张世忠，周伦江主编 . —福州：福建科学技术出版社，2022.6
ISBN 978-7-5335-6665-4

Ⅰ.①非… Ⅱ.①王… ②张… ③周… Ⅲ.①非洲猪瘟病毒 – 防治 Ⅳ.① S852.65

中国版本图书馆 CIP 数据核字（2022）第 036605 号

书　　名	非洲猪瘟防控实用技术
主　　编	王隆柏　张世忠　周伦江
出版发行	福建科学技术出版社
社　　址	福州市东水路76号（邮编350001）
网　　址	www.fjstp.com
经　　销	福建新华发行（集团）有限责任公司
印　　刷	福州德安彩色印刷有限公司
开　　本	700毫米×1000毫米　1/16
印　　张	7
图　　文	112码
版　　次	2022年6月第1版
印　　次	2022年6月第1次印刷
书　　号	ISBN 978-7-5335-6665-4
定　　价	28.00元

书中如有印装质量问题，可直接向本社调换

前言

非洲猪瘟为猪烈性传染病，至今无商品化疫苗，防控难。自2018年8月2日我国报道发生第一例非洲猪瘟以来，该病造成大量猪只发病死亡，成为阻碍我国生猪产业持续健康发展的绊脚石。为普及非洲猪瘟防控知识，进一步推广防控实用技术，提高广大养殖户和基层从业人员防控水平，助推生猪产业兴旺，特编写了此书。

本书共有六部分，概述了非洲猪瘟基础知识，剖析发病原因，并以该病流行病学、临床症状、诊断为切入点，详细介绍"人、车、猪、物、料"等全链条生物安全防控管理体系构建、猪场实验室管理、猪场软硬件升级、应急演练处置、规模化猪场复养必要条件等，以利于读者更加深入了解该病，采取精准防控措施，避免或减少非洲猪瘟造成的损失。

本书以文字结合图片、视频的形式编写，力求内容实用、操作性强，文字简明扼要、通俗易懂，图片及视频达意生动，努力做到让相关从业人员看得懂、用得上。

在本书编写过程中，得到许多同仁的帮助与支持，在此表示衷心感谢。由于生猪健康养殖技术发展迅速，加上我们水平有限，书中难免存在错误和不足，恳请各位同仁和广大读者批评指正。

本书获得福建省现代农业生猪产业技术体系项目（2019-2022）和福建省重大专项专题项目（2021NZ029023）资助。

编者

2022年1月于福州

目录

一、非洲猪瘟基础知识 … 1
- (一) 概况 … 1
- (二) 流行病学 … 2
- (三) 发病原因 … 3
- (四) 临床症状 … 4
- (五) 病理变化 … 6
- (六) 诊断 … 8

二、生物安全防控管理体系的构建 … 9
- (一) 场址选择与科学布局 … 9
- (二) 人员生物安全管理 … 18
- (三) 车辆生物安全管理 … 25
- (四) 生猪生物安全管理 … 34
- (五) 物资生物安全管理 … 41
- (六) 饲料原料生物安全管理 … 46
- (七) 饮用水生物安全管理 … 49
- (八) 有害生物安全管理 … 52
- (九) 猪场消毒管理 … 55
- (十) 洗消烘干中心管理 … 61
- (十一) 猪场员工食堂生物安全管理 … 65

三、检测实验室管理 … 68
- (一) 猪场兽医诊断实验室选址 … 68

（二）猪场兽医诊断实验室建筑设置 …………… 69
（三）猪场兽医诊断实验室仪器设备 …………… 69
（四）猪场兽医诊断实验室人员配备 …………… 70
（五）猪场兽医诊断实验室工作事项 …………… 70
（六）猪场兽医诊断实验室职责 ………………… 72

四、猪场软硬件升级　　73

（一）猪场软件升级 …………………………… 73
（二）猪场硬件升级 …………………………… 76

五、非洲猪瘟应急演练处置　　77

（一）成立应急演练处置小组 ………………… 77
（二）疫情发生时处置原则 …………………… 77
（三）疑似疫情处置 …………………………… 78
（四）疫情确诊 ………………………………… 78
（五）疫情处置 ………………………………… 78

六、非洲猪瘟发生后复产的必要条件　　83

（一）复产条件 ………………………………… 83
（二）复产措施 ………………………………… 83

附　录　　85

一、猪场常用物品消毒剂配制与使用 ………… 85
二、猪场各环节消毒方案 ……………………… 89
三、生物安全车流控制 ………………………… 91
四、车辆洗消、烘干标准操作流程 …………… 93
五、中转站操作规程 …………………………… 96
六、人员隔离消毒流程 ………………………… 99
七、防疫物资储备清单 ………………………… 102
八、非洲猪瘟应急演练处置流程 ……………… 104

参考文献 ……………………………………………… 105

一、非洲猪瘟基础知识

（一）概况

1. 什么是非洲猪瘟

非洲猪瘟是由非洲猪瘟病毒引起的猪一种急性、出血性、烈性、高度接触性传染病，在我国把它定为重点防范的一类动物传疫病，世界动物卫生组织（OIE）把它定为法定报告的重大动物疫病。目前，非洲猪瘟毒株有1型和2型，在我国流行的毒株主要为2型。非洲猪瘟具有基因组庞大和容易变异的特点，变异的毒株发生了毒力的变化。现阶段在猪群流行的毒株可分为强毒株、中等毒力毒株及弱毒株，发病猪在临床症状表现为急性型、亚急性型和慢性型。

2. 非洲猪瘟起源

20世纪20年代，在非洲的肯尼亚地区发现了非洲猪瘟疫情，1957年传入欧洲，1971年传入美洲，2007年开始传播到亚洲。自2018年以来，该病在我国各地有发生报道，截至2021年6月，累计报道发生了200多起，扑杀近200万头猪，重创我国生猪产业。非洲猪瘟的发展历史见表1-1。

表1-1 非洲猪瘟传播史

国家	发生时间	国家	发生时间
肯尼亚	1921年	比利时	1985年
葡萄牙	1957年	荷兰	1986年
西班牙	1960年	科特迪瓦	1996年
法国	1964年	马达加斯加	1997年
意大利	1967年	格鲁吉亚	2007年
古巴	1971年	俄罗斯	2007年

国家	发生时间	国家	发生时间
马耳他	1978 年	中国	2018 年
海地	1979 年	希腊	2020 年
古巴	1980 年	德国	2020 年
多米尼加	1980 年	菲律宾	2021 年
喀麦隆	1982 年		

3. 非洲猪瘟病毒特点

非洲猪瘟病毒是非洲猪瘟病毒科非洲猪瘟病毒属的唯一成员，具有"一大""二杂""三耐""三怕"的特点。"一大"是病毒基因组大，基因组长度为 170～190kb，是猪瘟病毒的 15 倍，口蹄疫病毒的 24 倍；"二杂"是病毒结构复杂，有 150 多个开放阅读框，编码 50 多种结构蛋白和 100 多种非结构蛋白，病毒粒子由里到外主要由 5 部分组成，含病毒基因组 DNA 的拟核、内核芯壳、内膜、衣壳和囊膜；"三耐"是耐低温、耐 pH 值和耐有机质；"三怕"是怕高温、怕强酸和怕强碱。

（二）流行病学

非洲猪瘟病毒可感染不同年龄段的家猪和野猪，临床上最急性型和急性型的死亡率高达 100%，亚急性型的死亡率可降低 30%～70%。

软蜱是非洲猪瘟病毒在自然界中的宿主，能够长时间携带病毒，同时软蜱也是病毒传播的重要媒介。非洲猪瘟的传播途径主要有直接接触感染动物或软蜱叮咬传播，也可通过被污染的泔水、饲料等食物传播，还能通过接触感染过的猪尸体或其产品进行传播。

1997 年马达加斯加发生的非洲猪瘟疫情就是通过野猪与家猪直接接触导致。1986 年荷兰由于饲养人员非法饲喂泔水导致该病发生。非洲猪瘟主要通过国际贸易及走私等方式实现跨国、跨洲的传播，地方性流行主要通过易感猪与带毒猪接触，接触非洲猪瘟病毒污染过的饲料、餐余垃圾、泔水，接触污染过的粪便、垫料等，以及蜱、苍蝇、蚊虫等媒介传播。病毒经口和上呼吸道系统进入，在咽喉部或扁桃体感染，至下额淋巴结，后通过血液和淋巴遍布全身。

（三）发病原因

1. 生猪调运过程感染

健康猪通过直接或间接接触而感染发病。直接接触了病猪的血液、粪便，或接触了被病毒污染的工具，或者在含有病原的环境中等，都有被感染的风险。其中最主要的途径是由于易感猪在调运的过程中被带有非洲猪瘟病毒的车辆感染，或引进感染了非洲猪瘟病毒的猪只，导致了疫病的传播。

2. 人员、饲料等防控不力

为追逐利润，降低成本，饲养人员使用饭店等场所的剩菜剩饭作为生猪的饲料，使猪感染非洲猪瘟的概率增大。另外，人员、物资、饲料等没有进行消毒或消毒不到位，导致带毒的人、物和料接触了猪只，引起猪群发病。

3. 防控外来动物不到位

鸟、野猪、老鼠、猫等外来动物自由进出猪场，若这些动物携带非洲猪瘟病毒，接触了健康猪只，猪群就感染了非洲猪瘟病毒，导致猪群发病。

4. 硬件设施和水源保护不到位

猪场硬件建设不规范，没有科学划分生产区、生活区、办公区、环保区、资源化利用区等，没有洗消烘干中心及销售猪中转站等生物安全防控设施设备，非洲猪瘟生物安全防控措施较难落实到位。另外，猪场猪群喝的水没有经过消毒处理或源于山泉水，就容易出现喝到污染非洲猪瘟病毒的水，导致猪群感染发病。

5. 防控意识淡薄

非洲猪瘟在我国早期引起大范围流行的一个主要原因是养殖户的防控意识较差。部分养猪户养殖技术较低，对疫病的危害认识不到位，防控意识较差，没有规范的生物安全管理意识。非洲猪瘟虽然是一种急性、热性传染病，但是该病在感染初期没有明显的症状，潜伏期也较长，经常在感染病毒后2～3周出现死亡，因此在发病初期很难发现。如果没有建立对非洲猪瘟的长期监测机制和检测制度，很难控制隐性感染猪的带毒传播，并且现在的流通范围很广，使非洲猪瘟能够大面积流行。

（四）临床症状

不管是急性还是慢性感染，家猪和野猪（除非洲野猪外）表现有明显的临床症状。

非洲猪瘟自然感染的潜伏期为 4～19 天。在实验条件下，潜伏期可以缩短为 2～5 天，潜伏期的长短与接种的剂量和接种的途径有关。临床表现取决于该毒株的毒力、接触时间、感染的途径。高毒力毒株感染导致超急性和急性发病；中等毒力毒株可造成多种临床症状，如急性、亚急性和慢性或不明显症状；低毒力毒株造成亚急性、慢性或不明显的发病。高毒力毒株感染死亡率高达 90%～100%；中毒力毒株能引起 20%～40% 的死亡率，幼年动物能引起 70%～80% 的死亡率；低毒力毒株能造成 10%～30% 的死亡率。

扫码看视频

1. 超急性型

超急性型症状表现为厌食、体温＞41℃、抑郁、拒食、呼吸急促和皮肤充血。通常临床症状出现 1～4 天后死亡或无任何临床症状突然死亡。

2. 急性型

急性型症状表现为厌食,体温升高(40～42℃),精神沉郁(图1-1),不愿活动,

图 1-1　精神沉郁

皮肤出血（尤其是耳朵、腹部的皮肤）、发红（图1-2），后阶段可见急促的呼吸，以及鼻腔分泌大量黏液。有时可能出现鼻部出血、便秘、呕吐、轻度腹泻、拉血便、皮疹，以及四肢、耳朵、胸部和会阴部出现不规则的紫色。怀孕母猪常发生流产。出现临床症状后7天，90%～100%病猪死亡（图1-3、图1-4）。

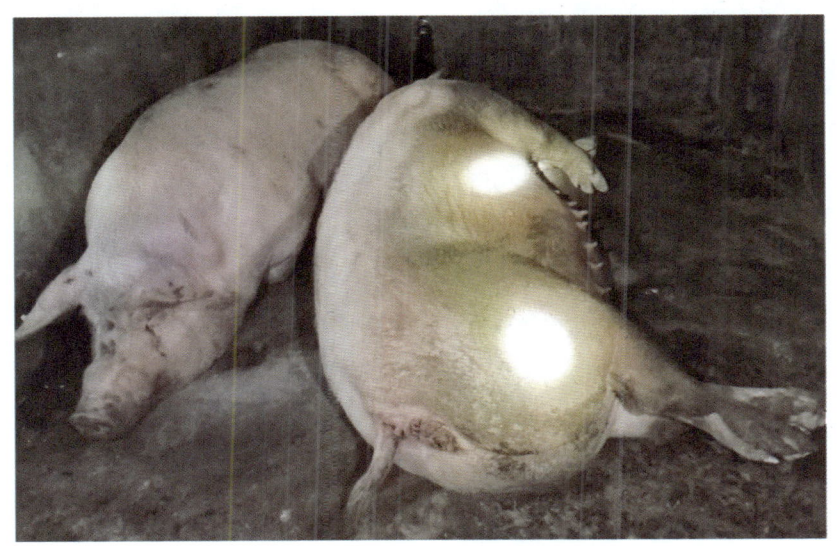

图1-2 体温升高、皮肤发红

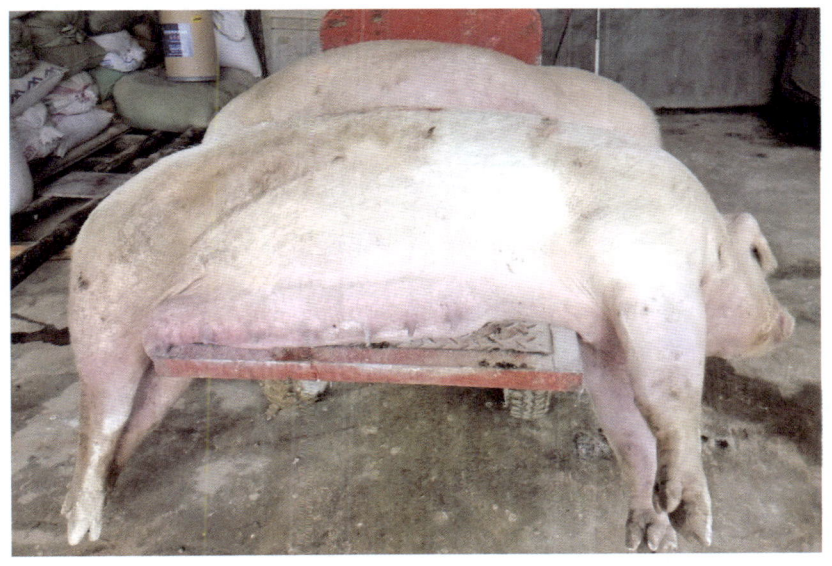

图1-3 腹部瘀血，死亡

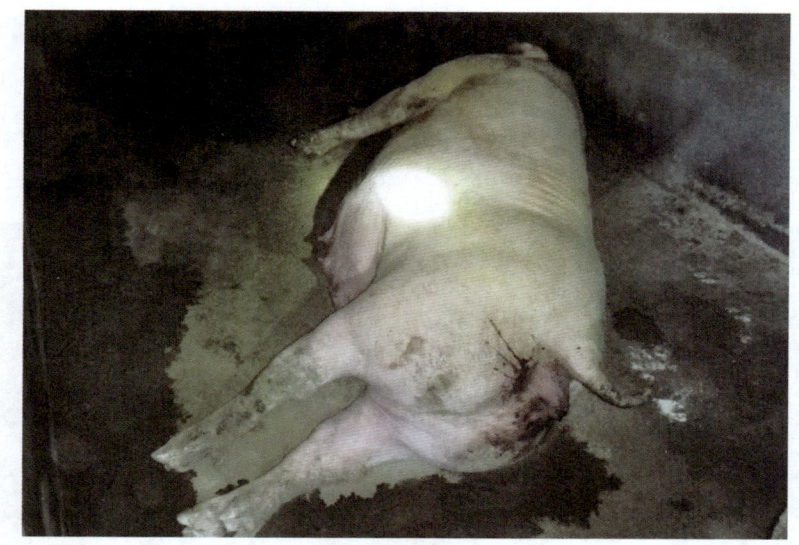

图 1-4 拉血便，死亡

3. 亚急性型

亚急性型的临床症状与急性型类似。死亡率从 30%～70%，发病猪可能 3～4 周后恢复。

4. 慢性型

慢性型症状表现为发热、关节肿大、腹部和胸部皮肤出现肿块、腹部脐带处皮肤出现溃烂、消瘦等亚临床症状。此型病例的致病毒株或为自然致病弱的病毒，死亡率较前两型低（30% 左右）。

（五）病理变化

非洲猪瘟有很多种组织病变，这取决于毒株的毒力。急性型和亚急性型以广泛性的出血和淋巴组织的坏死为病变特征。病变发生的主要部位有脾脏、淋巴结、肾脏和心脏。脾脏可呈现暗黑色、肿大、梗死和变脆，有时可见被膜下出血的大梗死灶。淋巴结出血、水肿、易碎，经常呈类似暗红色血肿状。由于充血和背膜下出血，淋巴结切面呈大理石样变。肾脏表面及切面皮质部有斑点状出血，肾盂也有点状出血。心脏冠状脂肪和心肌有点状出血。慢性型病理变化较轻。

1. 急性型

血管和淋巴器官出现组织病理学病变。病变特征是出血、血管内形成微血栓及内皮细胞损伤,并伴有内皮下坏死细胞大量聚集。脾脏出血性肿大(图1-5)是急性型和亚急性型主要特征病变,其原因是病毒复制导致脾脏巨噬细胞坏死,破坏脾脏组织结构,从而出现这种脾脏出血性肿大。淋巴结出血(图1-6)。肺脏伴有出血和肉样病变(图1-7)。心脏冠状脂肪有点状出血(图1-8)。

图1-5 脾脏肿大

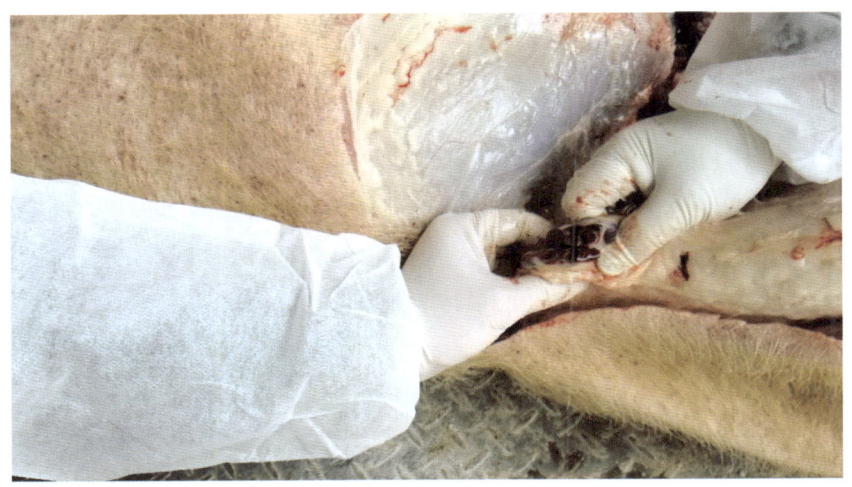

图1-6 淋巴结出血

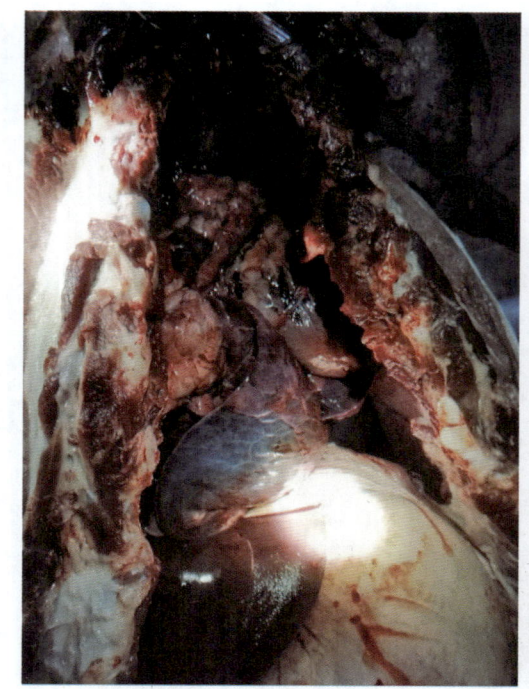
图 1-7 肺脏肉变
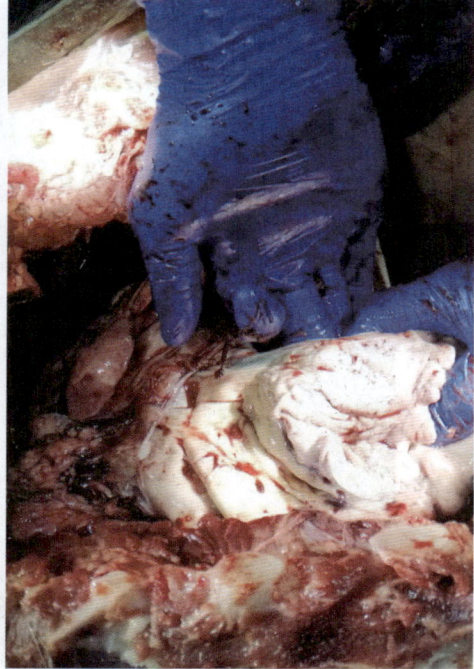
图 1-8 心脏出血

2. 慢性型

肺脏呈大叶性或小叶性肺炎，常见肺部组织成干酪状坏死，局部见钙化灶。心脏出现纤维素性心包炎。全身淋巴结肿大及局部出血。中度至重度关节炎性肿胀。

（六）诊断

感染非洲猪瘟后，患猪会表现出与猪瘟相似的临床症状和病理变化，解剖发现皮下出血，淋巴结肿大出血，脾脏严重坏死肿大，肾脏表面存在点状出血。根据临床表现和病理变化，能对病情做出初步诊断，确诊还需要进一步的实验室诊断。常用诊断方法主要包括聚合酶链反应（PCR）检测、荧光定量PCR检测、环介导等温扩增反应（LAMP）、酶联免疫吸附剂测定（EILSA）、血细胞吸附试验、荧光抗体检测试验。应用最广的是PCR检测和荧光定量PCR检测，这两种方法操作相对较为简便，适合基层实验室开展非洲猪瘟疫情诊断。

二、生物安全防控管理体系的构建

在目前没有非洲猪瘟商品化疫苗的情况下，非洲猪瘟实战防控，重在新建猪场科学选址，建立良好的"人、车、猪、物、料"和有害生物防控等方面的生物安全防控体系。猪场的生物安全防控体系是通过防控各种疫病建立起来的一道道屏障，是对猪群免受外病入侵、防止场内病原扩散、保证猪场正常运转、提高生产效益而采取的一系列措施。

（一）场址选择与科学布局

猪场场址的选择应根据猪场的经营性质、养殖规模和养殖模式，综合考虑选址的地形、地貌、水源、土壤、气候等自然条件。同时还须对饲料原料的供应、生猪销售、交通条件、周边环境及粪污处理等，以及与猪场建设、环保和防疫相关的社会因素，进行全面的调查和综合评估后决定。

1. 猪场场址选择

猪病防控和环保排污是规模化猪场首要考虑的因素。新建猪场周围3千米内无畜禽养殖场，3～5千米范围为生猪存栏数小于1000头。屠宰场、病死动物无害化处理场、粪污消纳点、农贸市场、其他畜禽养殖场（户）、垃圾处理场、车辆洗消场所及动物诊疗机构等为生物安全高风险场所，新猪场选址时应与上述场所保持3千米以上的距离。

2. 猪场地形选择

新建猪场要充分考虑地形与地势，应遵循猪场生物安全风险由高到低的原则。新建猪场全年主风向由办公区—生活区—生产管理区—生产区—隔离区—环保区。猪场与最近公共道路的距离大于500米。猪场与居民区、文化教育、科研机构、风景名胜区等人口集中区域距离要大于2千米。

3. 场外布局

根据非洲猪瘟的防控要求，猪场外必须建立场外洗消中心（图2-1）和生猪中转场（台）。场外洗消中心距离猪场2～3千米，配有独立的洗消车间和烘干车间。生猪中转站（台）距离猪场3千米，是猪场与外界车辆直接接触的区域。场外生猪运输车必须符合农业农村部规定，随车携带生猪调运单和车辆洗消合格单方可进场。

图2-1 猪场外洗消中心

4. 场内布局

猪场饲养模式一般分为一点式和多点式。多点式饲养模式在疫病暴发时可切断传播途径，避免疫病的扩散传播，有效降低疫病风险。

二、生物安全防控管理体系的构建

（1）猪场功能布局

猪场主要功能区包括办公区（图2-2）、生活区（图2-3）、生产区（图2-4）、隔离区（图2-5）、环保区及物资转运区（图2-6）等，各功能必须有明显的界限，区域间必须建立生物安全屏障。种猪场还包括选种区，选种区的设计应使外部选种人员可直接从场外进入选种展示厅，而不经过猪场内部。可采用玻璃等有效措施将外部选种人员与猪群完全隔离。

图2-2　猪场办公区

图2-3　猪场生活区

图2-4　猪场生产区

图2-5　猪场隔离区

图2-6　猪场物资转运区

(2) 门卫隔离区布局

门卫隔离区设置人员进场通道、人员淋浴间、行李间、隔离间、物资消毒间、车辆消毒通道和门卫值班室等(图2-7)。猪场采用密闭式大门(图2-8),设置"限制进入"等明显标识。门卫值班人员对进出猪场的人员和车辆进行登记管理,并监督执行入场人员和车辆的洗消管理。人员入场通道(图2-9)须净区、污区分开,从外向内单向流动。入场通道内洗消区(图2-10)须有存储入场人员衣物的柜子,并设立二级人员隔离宿舍。物资消毒通道设置净区和污区,采用独立专门的通道。

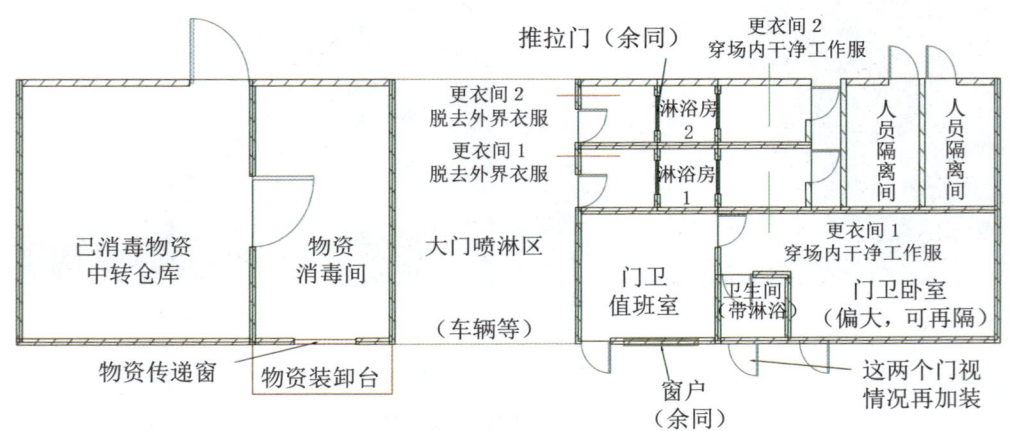

图2-7 猪场门卫隔离区布局

图2-8 猪场大门及门卫

二、生物安全防控管理体系的构建

图 2-9 猪场人员进出通道

图 2-10 猪场人员进场洗消区

（3）生物安全等级布局

猪场生物安全级别高的区域为净区，生物安全级别低的区域为污区（图2-11）。在猪场的生物安全金字塔中，公猪舍、分娩舍、配怀舍、保育舍、育肥舍和出猪台的生物安全等级依次降低。猪只和人员单向流动，从生物安全级别高的地方到生物安全级别低的地方，严禁逆向流动。猪场污道出口的设置应符合防控要求（图2-12）。

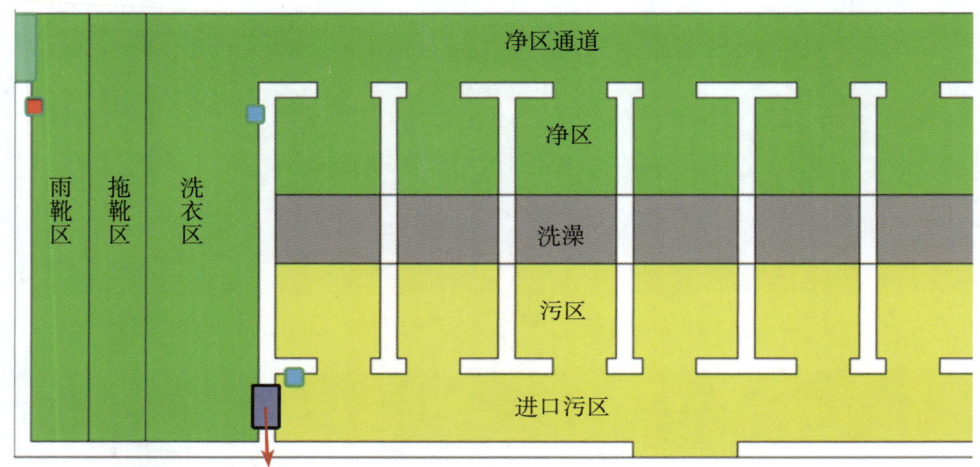

图2-11 猪场净污区示意图

图2-12 猪场污道出口

二、生物安全防控管理体系的构建

（4）人员物资进出布局

场区内洗澡间是人员从生活区进入生产区换衣、换鞋及洗澡的场所（图2-13、图2-14）。应确保洗澡间舒适，具备保暖设施设备和稳定的热水供应等。洗澡间旁设置洗衣房和物资消毒间，分别用于生产区内衣物清洗、消毒和进入生产区物资的消毒。人员和物资单向流动，特别是用剩的疫苗和兽药。用剩的兽药原地保存，疫苗通过酒精涂擦后在生产区冰箱内保存。

扫码看视频

图2-13　进入猪场生产区人员洗消区

图2-14　猪场人员进入生产区通道

（5）料塔布局

猪场在每栋猪舍围墙内设立一个料塔（图2-15），统一的散装饲料车（图2-16）将饲料输送至料塔。或者建立场内饲料中转料塔，配置场内中转饲料车。确保内部饲料车不出场，外部饲料车不进场。场内自建饲料加工车间。为减少人员与饲料的接触，在每栋猪舍靠近净道的一端设立料塔，场内运料车运送至料塔；或袋装饲料通过生产区内外车辆进行盘料，避免车辆进出生产区。

图2-15　猪场散装饲料塔

图2-16　猪场散装饲料运输车

（6）出猪台和转猪通道布局

出猪台（图2-17）和转猪通道是与外界接触的地方，也是外部疫病传入猪场的主要途径。出猪台须用实物将净、污区隔开，并对净、污区做出明显标记，不同区域人员禁止交叉（图2-18）。建议种猪场和规模猪场使用场外中转车转运待售猪只，中转站距离猪场至少3千米。

图2-17 猪场出猪台

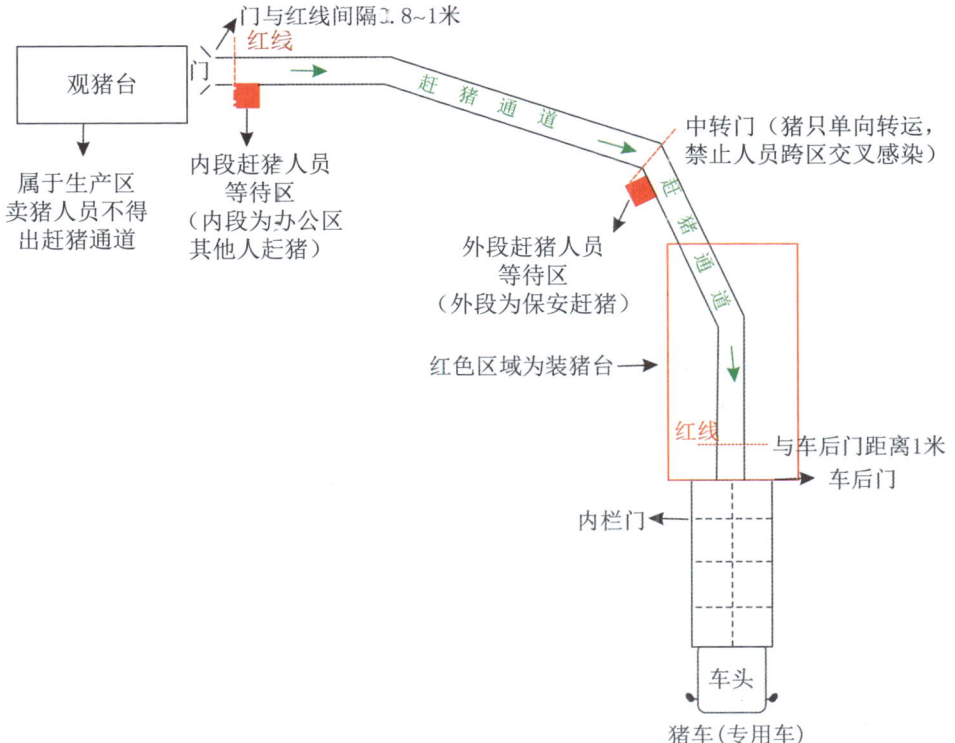

图2-18 猪场商品猪出猪流程示意图

(7) 场外隔离区和环保区布局

猪场隔离区应距生产区 500 米以上，处于猪场的下风口。隔离区是对引入的猪群进行健康观察和疾病监测的区域，也是猪只入场前疾病驯化和免疫的区域。隔离区的猪只需观察 42 天，生物安全等级至少高于生产区一个级别。环保区位于猪场下风向、低洼区域，需要有固体废弃物处理区、液体废弃物处理区和病死猪无害化处理区。环保区与生产区保持相对的生物安全距离，并用屏障与其他区域分隔，有专门通道进出。

（二）人员生物安全管理

人员生物安全管理是整个非洲猪瘟防控体系中最重要的环节，须建立生物安全体系评估工作组，猪场须建立生物安全体系评估小组，每一个生物安全岗位必须有专门的责任人，这样才能做到有人执行、有人监督。人员管理主要分为生产人员管理和非生产人员管理。

1. 生产人员管理

（1）生产人员日常管理

生产人员的日常管理必须按照员工手册执行，在生产区内只能通过电话或场内对讲机进行沟通交流，生产区内不得随意串岗。进入生产区内人员的进出须从净道进、污道出，并进行消毒（图 2-19、图 2-20），未经淋浴和更衣不得逆行。

图 2-19　猪场生产区人员消毒通道

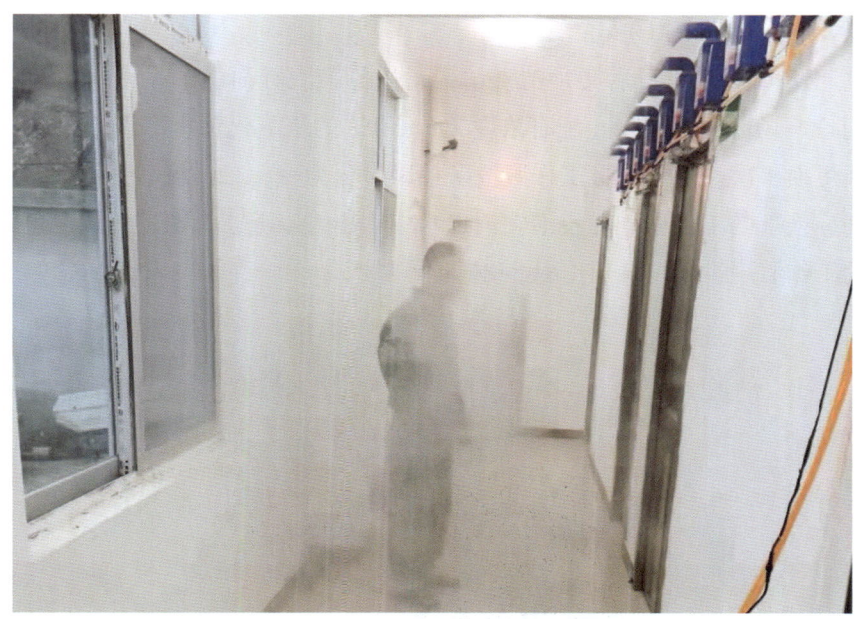

图 2-20　猪场生产区人员消毒通道

饲养员安排在生产区宿舍；鼓励技术员住在生产区，有条件的猪场对一线员工和技术员采取轮休制。生产人员的饭最好通过专人配送到位（图 2-21），不要统一在食堂就餐。

图 2-21　猪场生产区膳食传送窗口

（2）生产人员生物安全管理

生产人员每次下班后必须清洗雨鞋，保持鞋底鞋面的干净（图2-22）。各栋舍门口、场区内各入口，配有浓度2%～4%的氢氧化钠水溶液（图2-23），且2天更换1次。生产人员工作服按防控风险分为一、二两级，工作服须每日更换洗消，换下的工作服立即浸泡在消毒水中1小时以上，有条件的场还可以将洗消好的工作服用烘干机烘干（图2-24至图2-26）。

图2-22　猪场生产区雨鞋分类管理

图2-23　猪场生产区氢氧化钠水溶液浓度测定

二、生物安全防控管理体系的构建

图 2-24 猪场生产区衣物洗消流程示意

图 2-25 猪场生产区衣物浸泡消毒

图 2-26 猪场生产区衣物清洗烘干区

2. 卖猪人员生物安全管理

卖猪人员至少配备两双雨鞋，卖完猪对雨鞋进行彻底清洗（尤其鞋底）（图2-27、图2-28），并将鞋掌浸没在氢氧化钠水溶液中，接着回洗澡间更换干净工作服，再将换下的工作服用过硫酸氢钾（卫可，1：500）浸泡消毒30分钟，穿上另一双干净雨鞋再回猪舍。装猪台赶猪人员在清洗消毒完赶猪通道和卖猪台后，应立即去装猪台洗澡间洗澡，并将换下的衣物浸泡在放有消毒水的水桶中，浸泡消毒1小时以上，再放到装猪台洗衣机进行清洗、烘干。

3. 生产人员（含家属）外出和隔离管理

一线的生产人员（包括住在场内的员工家属）在封场期间，请假返乡或外出参会、培训，须经过严格的审批，减少不必要的外出。一线的生产人员外出返场至少隔离3天，入场前须对隔离人员进场消毒（图2-29），对手部（特别指甲）（图

图 2-27 猪场生产区人员清洗雨鞋

图 2-28 猪场生产区人员清洗雨鞋

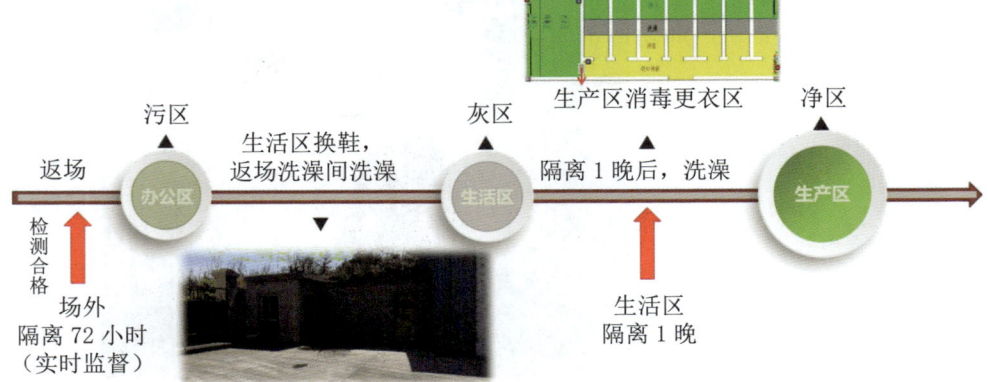
图 2-29 猪场人员返场管理流程示意图

二、生物安全防控管理体系的构建

2-30、图2-31）、鼻孔、耳蜗、头发及鞋底进行消毒和采样，检测合格后方可进入猪场生产区。隔离人员的随身衣物和物品须经过严格的清洗和熏蒸消毒后方可带入生活区。隔离期间不得离开隔离点，详细隔离要求见附件《人员隔离消毒流程》。请假外出期间禁止去其他养殖场、市场和超市的猪肉摊。新员工必须在隔离点由监督负责人对其进行生物安全宣讲，并在隔离结束前进行考核。

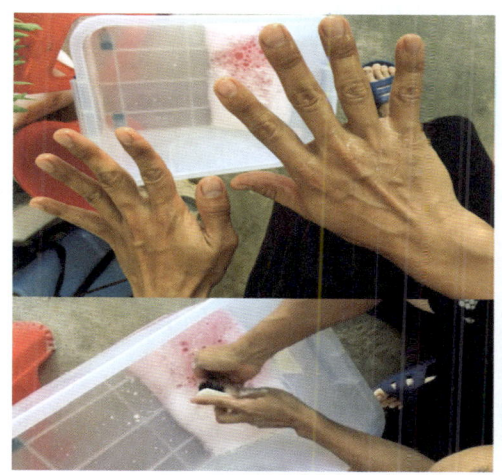

图2-30　猪场生产人员手部消毒

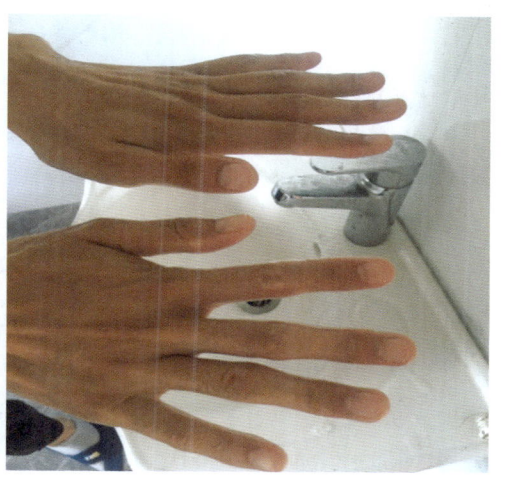

图2-31　猪场生产人员手部消毒

4. 非生产人员生物安全管理

（1）后勤人员

后勤人员禁止去菜市场、超市等地，尽量避免在外就餐和聚会。采购人员最好通过电话联系的方式采购物资，并将采购的物资统一送到指定的地点，以便猪场车辆运回，减少车辆和人员在外的逗留时间，降低生物安全风险。所有进入办公区人员均应通过洗手消毒（图2-32）后，经消毒通道进入办公区（图2-33），并更换猪场内备用的鞋子和外套；手机、钥匙等随身物品用酒精擦拭或臭氧熏蒸消毒，双手用香皂清洗消毒。办公区域定期喷洒消毒（图2-34）。

图2-32　猪场后勤人员手部清洗消毒

图 2-33　猪场后勤人员消毒通道　　　图 2-34　猪场办公区消毒

（2）非后勤人员

外来人员无特殊情况不得进入猪场，进入猪场须严格执行猪场生物安全防控措施。尽量少用和不用猪场外的维修人员，猪场内部最好配有专门的电工和设备养护人员。猪场禁止接待所有厂商家业务人员及本行业内的相关人员。如有必要接待，也应在远离猪场的场所（如场外办公区）进行接待。若有外来客户要进入猪场，也只能到观猪台或展厅，严格遵守隔离规定，洗澡换衣后，乘公司专用车辆，才能进入观猪台（图 2-35）。

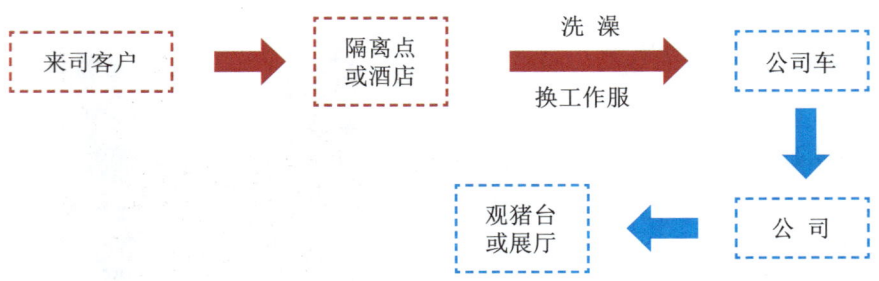

图 2-35　猪场外来人员接待流程示意图

（3）送货和司乘人员

送货人员在大门口交货或在公司指定点交货，不得进入办公区，更不允许进入生活区。猪场场外专用车到场后，司乘人员禁止下车；若司机需要下车到车厢后关车门，应穿上防护服、鞋套、一次性手套进行操作。

二、生物安全防控管理体系的构建

5. 新员工入场安全管理

新员工到公司后须检查行李物品，并填写风险评估表（图2-36）。新员工入职前须进行猪场生物安全规范培训和考核（图2-37），入场时须按规定进行生物安全隔离数天。

人员入场/隔离前风险评估表					
进入子公司	请选择				
姓名		入场日期/时间			
岗位/身份		来源地		市	县
身高	体重（kg）		衣物尺码	鞋码	
可携带物品	衣物（穿）	电脑（台）		行李箱(件)	
	鞋子（双）	手机（部）		现金（<100元）	
禁止携带物品	猪牛羊肉制品、含有油包类各种速食泡面、油炸食品、冷冻食品、卤/腌品（保质期<30天）、棉被				
风险区域评估	超高风险	请选择		最后一次接触风险点日期	
	高风险	请选择		
	中风险	请选择		
隔离天数		隔离安排			

图2-36 猪场人员入场隔离风险评估表

图2-37 猪场新员工入场前考核

（三）车辆生物安全管理

车辆是病原微生物远距离传播的主要途径，携带病原微生物的粪便、苍蝇、蚊虫等是重要的传染源。切断车辆这一传播途径是猪场车辆生物安全管控的重要工作。车辆根据使用地点和用途分为场外车辆和场内车辆，场外车辆有生猪运输车、原料运输车及其他车辆；场内车辆有转猪车、饲料运输车及其他车辆。应根据不同的用途对以上类别车辆制定不同的洗消流程与管理制度（图2-38）。

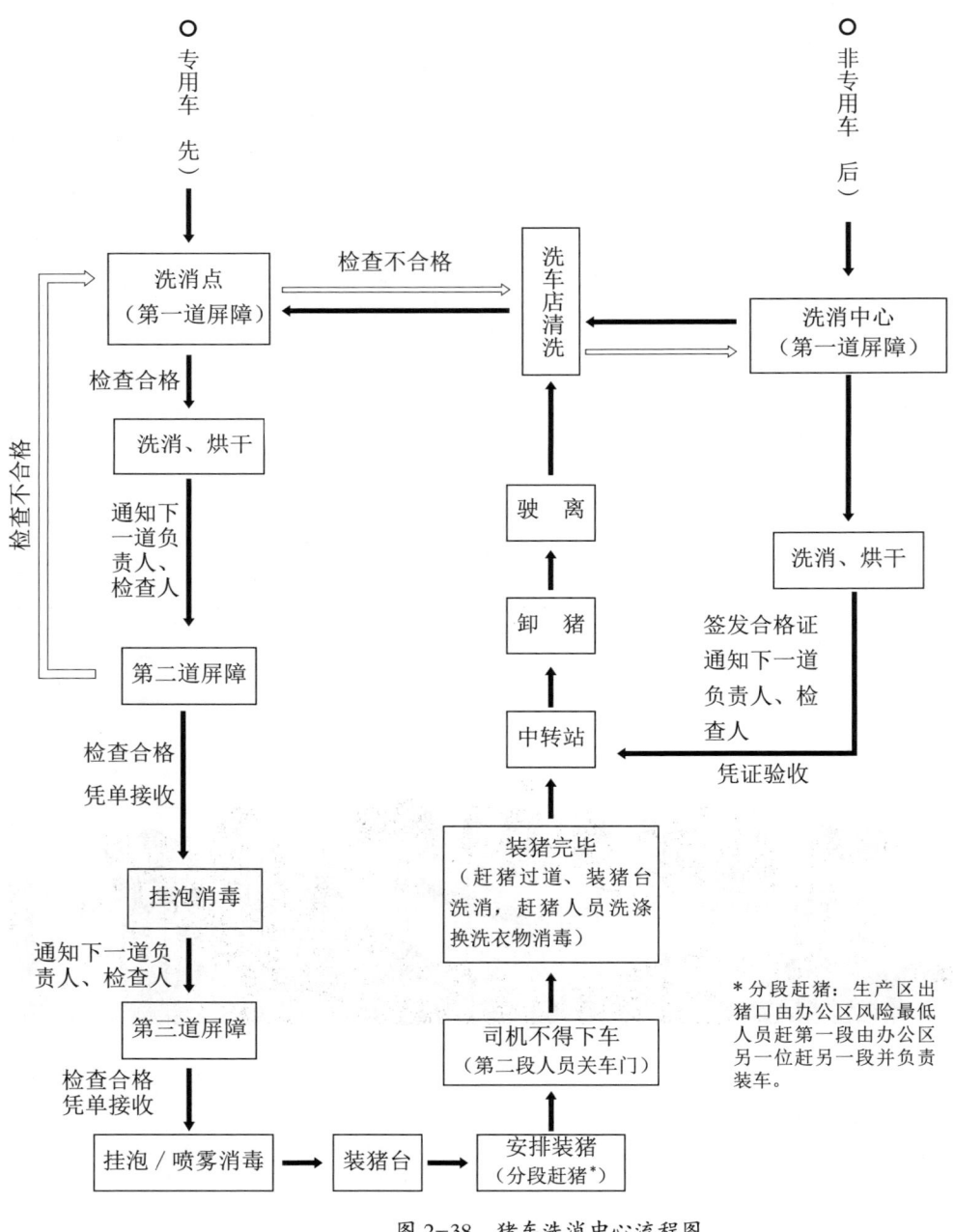

图2-38 猪车洗消中心流程图

二、生物安全防控管理体系的构建

1. 场外运输车辆管理

场外运输车辆分为生猪运输车、原料运输车和其他车辆。

（1）生猪运输车

为更好地防控非洲猪瘟，将生猪运输车严格分为专用车与非专用车。

扫码看视频

大型猪场一般配备生猪专用车辆运送本场出售的商品猪到场外中转站（点）进行中转，专用车需凭洗消凭证进入猪场出猪区域。专用生猪运输车车厢使用金属材质，绝对不能使用木质材料；车辆结构简单，死角少，方便清洗；车为具有良好的通风系统、保温系统和下水系统；内部拆卸简单，方便人员进出和洗消。专用生猪运输车必须在指定的洗消中心洗消（图2-39、图2-40）、烘干、采样，并隔离24小时以上，待检测合格（图2-41）后方可启用。专用生猪运输车需全程安排人员进行现场监督，安装远程视频监控，监控车辆移动信息，每次启用前都要安排专人采集行车记录，并核对相关信息。

图2-39 生猪运输车车底洗消

图 2-40　生猪运输车泡沫覆盖

图 2-41　生猪运输车洗消效果检测

非专用生猪运输车禁止进入猪场出猪区域,必须到中转站(点)接收猪只装运到屠宰场。非专用生猪运输车应在农业农村局备案,并随车携带洗消凭证和检测合格单,进入中转站(点)前需经过猪场生物安全评估人员核对、检验后方可进站。非专用生猪运输车司乘人员不得离开驾驶室并始终保持窗户紧闭。需等待专用车将猪只运至中转站(点)卸好猪只离开后,方可靠近中转站装猪台,两车不允许接触。

(2)原料运输车

所有原料运输车在装运公司货物前,应由供应商对车辆(特别是车厢内部)进行清洗、消毒(图2-42),并将运输车辆洗消视频发至生物安全评估小组工作微信群。

原料运输车全部选择厢式车辆,尽可能选择高速路运输,在离发货点最近的高速口上高速,在离猪场最近的高速口下高速,以减少路途感染风险。运输车辆到达猪场前,需到指定的洗消点进行车辆外观的

扫码看视频

图2-42 原料运输车洗消

图 2-43　原料运输车入场消毒

洗消和检测（图 2-43），待检验合格后方可进入卸料区卸料。

在整个卸料过程中司乘人员须听从现场指挥，不得离开驾驶室并始终保持窗户紧闭，如需离开驾驶室须穿戴好一次性整体防护服。严禁与其他猪场货物进行拼车，做到专场专车运送。应根据需要建立内部的物资转运中心。

（3）其他运输车辆

猪场除生猪运输车、原料运输车外，还有疫苗、药品、设备、建材、人员接送等运输车辆。其他运输车辆尽可能选择高速路运输，避免路途污染风险。车辆抵达猪场指定卸货点前，在指定的洗消点洗消（图 2-44、图 2-45）完毕后方可到猪场指定货物转运点卸货，由猪场专用的车辆进行货物转运。

人员接送车辆每次使用完后到洗消中心彻底清洗、内外消毒，人员接送车辆应尽可能做到每周排班集中出行。

二、生物安全防控管理体系的构建

图 2-44　建材运输车辆入场前洗消

图 2-45　工程运输车辆入场前洗消

2. 场内运输车辆管理

（1）转猪车

多点式饲养模式的猪场在猪群转栏舍时需要车辆运送猪只。每次转运后须到猪场内洗消点进行清洗和消毒，清洗消毒后停放到指定停车点，以备下次使用。车辆须按净进污出的原则，不得逆行。司乘人员由猪场统一管理。接触转猪车前，穿着一次性隔离服和干净的工作靴。转猪车上应配一名装卸员，负责开关笼门、卸载猪只等工作，装卸员穿着专用工作服和工作靴，严禁接触中转场内的卸猪台（图2-46）和出猪台（图2-47）。

（2）饲料运输车

场内饲料运输车需清洗、消毒及干燥后，方可进入或靠近饲料厂和猪场。每次送料尽可能做到科学合理的安排，尽可能做到满载，减少运输频率。

图2-46　生猪中转场卸猪台

二、生物安全防控管理体系的构建

图 2-47　生猪中转场出猪台

（3）其他运输车

生产区送运死淘猪只的车辆（斗车、淘汰猪运送车、死猪拉运车等），必须区分使用，且必须在靠近资源化利用区的死淘猪中转场进行彻底洗消（图2-48），并消毒车辆所经道路（图2-49）。

图 2-48　病死猪转运车定点洗消

图 2-49　猪场内道路定期消杀

33

(四)生猪生物安全管理

1. 引进种猪管理

(1) 引种隔离舍选址

引种隔离舍距离生产区至少500米,具备人员洗澡和居住的条件。猪只隔离期间,引种的参与技术人员和饲养员居住在隔离舍,待猪只检疫合格后解除人员隔离。

(2) 猪群管理

猪群管理主要包括后备猪管理、精液引入管理、猪只转群管理,以及猪群环境控制等。建立科学合理的后备猪引种制度,包括引种评估、隔离舍的准备、引种路线规划、隔离观察(图2-50)及入场前评估等。

图2-50 种猪隔离观察

二、生物安全防控管理体系的构建

（3）引种评估

①资质评估：供种场具备《种畜禽生产经营许可证》，所引后备猪具备《种畜禽合格证》《动物检疫合格证明》《种猪系谱证》；由国外引进后备猪，具备国务院畜牧兽医行政部门的审批意见和出入境检验检疫部门的检测报告。

②健康度评估：引种前评估供种场猪群健康状态，供种场猪群健康度应高于引种场。评估内容包括：种猪健康状态；种猪外貌体态；口蹄疫、猪瘟、非洲猪瘟、猪繁殖与呼吸综合征、猪伪狂犬病等病原学和血清学检测；种猪的死淘记录、生长速度及料肉比等生产记录。

（4）隔离舍的准备

后备猪在引种场隔离舍进行隔离；由国外引进的后备猪，在指定隔离场进行隔离。后备猪到场前完成隔离舍的清洗、消毒、干燥及空栏。后备猪到场前完成药物、器械、饲料、用具等物资的消毒及储备。后备猪到场前安排专人负责隔离期间的饲养管理工作，直至隔离期结束（图2-51、图2-52）。

图2-51　种猪隔离区评估验收

图 2-52 种猪隔离期结束，入场装卸

（5）引种路线规划

后备猪转运前对路线距离、道路类型、天气、沿途城市、猪场、屠宰场、村庄、加油站及收费站等调查分析，确定最佳行驶路线和备选路线。

（6）种猪隔离管理

种猪隔离期内，密切观察猪只临床表现，对种猪进行猪瘟、非洲猪瘟、猪繁殖与呼吸综合征及伪狂犬病等病原学检测（图2-53），必要时实施免疫。隔离结束后对引进猪只进行健康评估，包括口蹄疫、猪瘟、非洲猪瘟、猪繁殖与呼吸综合征、猪流行性腹泻及传染性胃肠炎等抗原检测，以及伪狂犬病 gE 和 gB 抗体、口蹄疫 O 型抗体、口蹄疫 A 型抗体及猪瘟抗体等检测。

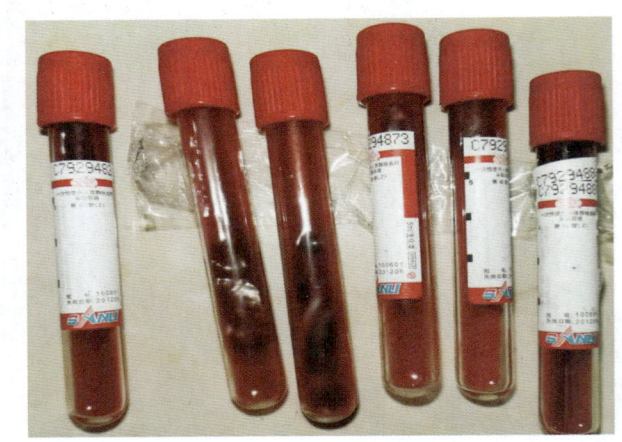

图 2-53 种猪隔离期特定病原检测

（7）精液引入管理

精液经评估后引入，评估内容包括供精资质评估和病原学检测。外购精液具备《动物检疫合格证明》；由国外引入精液，具备国务院畜牧兽医行政部门的审批意见和出入境检验检疫部门的检测报告。

2. 场内转舍猪管理

（1）猪只转群管理

猪场生产区功能单元主要包括隔离舍、公猪舍、后备猪培育舍、配怀舍、分娩舍、保育舍及育肥舍等。猪只转群过程中存在疫病传播风险。猪场转栏必须走赶猪过道，禁止从人员和车辆的道路进行转群，转群前后应对赶猪过道进行彻底清洗，泼洒氢氧化钠水溶液，然后用石灰浆白化。有条件的可使用场内中转车进行场内中转。

（2）全进全出管理

隔离舍、后备猪培育舍、分娩舍、保育舍及育肥舍严格执行批次管理，实行全进全出制度（图2-54）。转群时避免不同猪舍的人员交叉；转群后，对猪群经过的道路进行清洗、消毒，对栏进行清洗、消毒、干燥及空栏。

图2-54　猪场分娩舍空栏管理

（3）猪只转运管理

猪只转运一般包括断奶猪转运、淘汰猪转运、肥猪转运及后备猪转运。自用车辆可在猪场出猪台进行猪只转运（图2-55）；非自用车辆不可接近猪场出猪台，由自用车辆将猪只转运到中转站交接。建议使用三段赶猪法进行猪只转运：将整个赶猪区域分为净区、灰区、污区三个区域，猪场一侧（或中转站自用车辆一侧）为净区，拉猪车辆为污区，中间地带为灰区。不同区域由不同人员负责，禁止人员跨越区域界线或交叉。猪只转运时，到达出猪台或中转站的猪只须转运离开，禁止返回场内。转运后，对出猪台、中转站进行清洗、消毒。

扫码看视频

图2-55 猪场内生猪转运

（4）猪舍环境控制

合适的饲养密度、合理的通风换气，以及适宜的温度、湿度及光照是促进生猪健康生长的必要条件，相关指标参考《标准化规模养猪场建设规范》（NY/T1568-2007）、《规模猪场环境参数与环境管理》（GB/T17824.3-2008）（图2-56）。

二、生物安全防控管理体系的构建

图 2-56　猪舍环境条件控制

3. 销售商品猪管理

扫码看视频

为了降低非洲猪瘟的防控风险，猪场必须减少销售频率，加大单次销售量，禁止零散销售，最好 1 个月集中 1~2 次销售。安排专人从观猪台赶猪通道门口接收赶出的猪只，必须在红线外侧等候，不得与育成区卖猪人员直接接触；赶到中转门口，关上中转门，由保安负责中转门到装猪台的赶猪、装猪工作，保安负责开、关车门（司机不能下车），但不得上猪车。装车完毕后保安换上干净的雨鞋，对赶猪通道及装猪台进行清洗、消毒，严禁将水冲到生产区内。

4. 非洲猪瘟常态化监测管理

（1）加强异常猪只的监控

出现体温升高、腹泻、呕吐、流涎、厌食、体表发红、口鼻流血、神经症状、腹部和四肢有出血斑等症状的猪只，应及时采取紧急隔离观察（图 2-57），同时上报猪场兽医和现场管理层，并对发病猪只进行采样送检。

（2）做好猪场日常管理

加强对猪场人员的生物安全体系规范的培训和演练，提高全员的生物安全意识和责任。准备充足的物资（防渗裹尸袋、彩条布、消毒药、一次性防护服、一次性手套、采样器具等），随时应对猪场突发状况。一旦出现疫情苗头，及时、精准、高效地予以处置，将疫情控制在萌芽状态。猪场管理往往细节决定成败，许多疾病的传播就是未重视细节所造成的。注射时做到一猪一针头（图2-58），避免交叉感染。不同阶段的猪只选用不同规格的针头，以确保免疫和治疗的有效性。

（3）加强猪场饲养管理

控制好适宜的温度和湿度，加强猪舍内的通风和光照，保证猪场卫生整洁，减少人为造成的应激。提供充足的营养、洁净的饮水和合

图 2-57　猪场病猪集中隔离舍

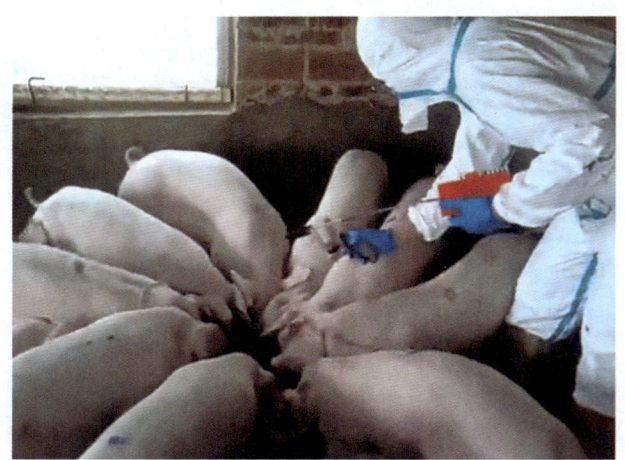

图 2-58　一猪一针头

理免疫，确保猪群的健康。在猪只免疫、转群、并栏、分娩和断奶等环节补充电解质和维生素类抗应激添加剂，提高机体抵抗力。研究和实践表明，优质生物发酵饲料富含益生菌、有机酸、小肽和短链的小分子活性物质，能改善饲料的适口性和提高猪只消化吸收，调节肠道菌群平衡，保证肠道健康，阻止病原微生物的入侵，提高机体抵抗非洲猪瘟病毒的能力。

（4）做好常见病的防控

猪场常见病的防控是猪群健康的保证，是构建生物安全防护的一道屏障。猪场常见病的防控要从消除常见病的病原、改善猪场环境卫生、加强饲养管理等采取多方面的举措，并做好常见病的免疫监测、药物保健、预防控制和临床诊断等工作。

二、生物安全防控管理体系的构建

（五）物资生物安全管理

根据物资使用目的，猪场实行三级消杀的生物安全管理，即一级物资转运中心的消杀管理、二级猪场物资中转仓库的消杀管理、三级猪场生产区物资通道的消杀管理。

1. 场内员工购买物资管理

猪场日常物品采购，以电话对接及网购方式优先，减少人员出门频率。统一将所需物品清单或网购物品链接发给猪场统一的采购人员。所有采购物品和快递物品先统一集中用消毒水进行外包装的泼洒消毒，经收件人同意后统一拆除外包装，放到消毒间臭氧（$2×10^{-5}$，即20ppm）消毒2小时后方可带走（图2-59，图2-60），全程由生物安全员监督。不得购买肉制冻品和含肉食品。经场长同意后方可购买非肉制冻品；购买后应在消毒室消毒后拆除包装袋，转用干净的保鲜袋分装，并浸泡于臭氧消毒池后方可放入冰箱，全程由生物安全员跟踪监督。

有条件的猪场在场内设立生活物品和食品小超市，统一集中采购，有利生物安全管控。新员工不得携带上述物品，少带衣物、现金，入场后统一购买棉被；若在隔离点查出违禁物品须立即处理；隔

扫码看视频

图2-59　猪场生活物资集中臭氧消毒

图2-60　猪场药品集中臭氧消毒

离结束进生活区前，生物安全员对其再次检查；禁止将非生产区衣物、现金等私人物品带入生产区（图2-61）。

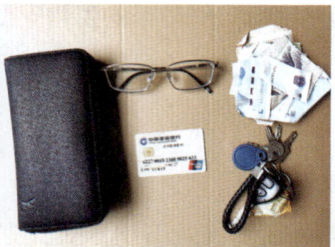

图2-61 对进入猪场的物品进行检查和消杀

进入办公区的所有物品都应拆除外包装，在办公区消毒间进行臭氧（2×10^{-5}，即20ppm）消毒2小时（图2-62）。由生物安全员监督执行。

图2-62 臭氧浓度监测数据

2. 生产物资入场管理

风机、钢筋等可以水湿的设备，经消毒剂喷洒表面，干燥后入场。水帘、空气过滤网等不宜水湿的设备，经臭氧或熏蒸消毒后入场。五金、防护用品及耗材等其他物资，拆掉外包装后，根据不同材质进行消毒剂喷洒、臭氧或熏蒸消毒后转入库房。

大型机械和设备进场，如果不能通过物资中转仓库消毒后必须寻找合适的地点存放并消毒（图2-63），存放时间不得少于3天，消毒次数不得少于3次。最后采样检测，经生物安全员评估后方可入场。

二、生物安全防控管理体系的构建

图 2-63　对大型机械设备冲洗消毒

3. 生产用兽药疫苗入场管理

药品和疫苗按月或季度计划进行采购，在生产计划范围内多备 1%～2%。药品和疫苗在供货商出库前须对外包装进行塑料膜包裹（图 2-64），由专车运送（图 2-65）。接到货品时须检查塑料膜的完整性，并对塑料膜喷洒消毒水。经 1～2 小时，消毒水干燥后撕掉塑料膜，再到消毒间或中转仓进行臭氧消毒 2 小时或超声雾化消毒。如果塑料膜破损，可予以退货，或对外包装进行更严格的消毒。

扫码看视频

需要冷藏或冷冻保存的疫苗，外包装用 2% 过硫酸氢钾（卫可）擦拭后方进入到中转仓库。中转仓库须备有冰箱和冰柜。疫苗和兽药进入生产区前，须拆除

图 2-64　药品用塑料膜包裹

图 2-65　猪场生产物资专车运送

所有外包装；进入生产区后不得逆向流动，剩余的疫苗和兽药在生产区内存放，生产区需备有保存疫苗的冰箱或冰柜。

4. 猪场废物生物安全管理

猪场污物主要包括病死猪、粪便、污水、医疗废弃物、餐厨垃圾及其他生活垃圾等。

（1）病死猪无害化处理

猪场死猪、死胎及胎衣严禁出售和随意丢弃，应及时清理并放置指定位置。猪场按照《病死及病害动物无害化处理技术规范》等相关法律法规及技术规范建立场内无害化处理设施设备（图2-66），进行场内无害化处理。如没有条件场内处理，须由地方政府统一收集进行无害化处理。

（2）粪便无害化处理

使用干清粪工艺猪场，及时将干粪清出，运至粪场，尿液和污水通过管道排入污水处理池。清粪工具、推车等每周至少清洗、消毒一次。使用水泡粪工艺猪场，及时清理猪粪至粪池。分娩舍、保育舍及育肥舍每批次清洗一次，配怀舍定期排

图2-66 病死猪集中无害化处理场

出粪水，进行清理。猪场设置贮粪场所，位于下风向或侧风向，贮粪场所须有效防渗，避免污染地下水。按照《畜禽粪便无害化处理技术规范》（GB/T36195-2018）进行粪便无害化处理。猪场也可建舍外异位发酵床来处理猪粪（图2-67、图2-68）。

图2-67 猪场粪便场外生物发酵场

图2-68 猪场有机肥生产车间

（3）污水处理

猪场应严格实行雨污分流，并确保管道通畅。污水经综合处理（图2-69），达到排放标准后排放，严禁未经处理直接排放。

图2-69 猪场污水处理区

（4）医疗废弃物处理

猪场医疗废弃物包括过期的兽药疫苗，使用后的兽药瓶、疫苗瓶，以及生产过程中产生的其他废弃物。废弃物应集中收集（图2-70），并根据性质采取煮沸、焚烧及深埋等无害化处理措施，严禁随意丢弃。

（5）餐厨垃圾处理

每日清理餐厨垃圾，集中收集（图2-71），焚烧或无害化处理，严禁饲喂猪只。

（6）其他生活垃圾处理

对生活垃圾实行源头减量，严格限制不可回收或对环境高风险的生活物品进入。场内设置垃圾固定收集点（图2-72），明确标识，分类放置。垃圾收集、贮存、运输及处置等过程应防止流失及渗漏。按照国家法律法规及技术规范进行焚烧、深埋，或由地方政府统一收集处理。

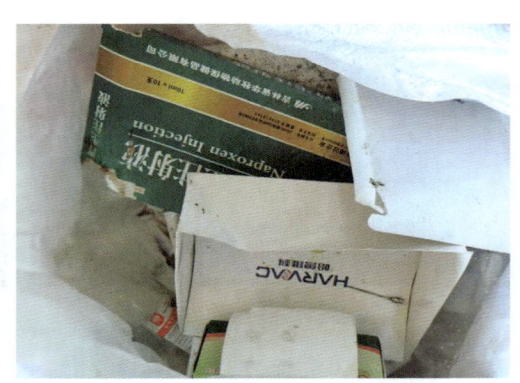

图2-70 猪场医疗废物集中收集

图2-71 猪场餐厨垃圾集中收集

图2-72 猪场生活垃圾集中处理

（六）饲料原料生物安全管理

1. 饲料原料的采购入库

（1）大宗原料采购

大宗原料每个品种一般选择2～3家较大的供货商，并对供货商的资质、原

二、生物安全防控管理体系的构建

料的产地、运输途径、生物安全措施等进行评估。原料入场前对同一批次的原料检测非洲猪瘟,检测结果(图2-73)合格后,方可安排进货。玉米应选择陈年玉米,

检测结果

样品编号:201710-01

样品名称	鱼粉	收样日期	2020.12.07
样品数量	1份	检测开始日期	2020.12.07
来样方式	随车	检测完成日期	2020.12.07
检测目的	日常抗原检测	样品状态	样品良好,样品量约为500微升
送检单位		联系人及电话	
样品单位	检测项目	检测标准名称及编号	检测方法	检测结果
鱼粉	非洲猪瘟病毒核酸	非洲猪瘟防治技术规范(试行)	荧光RT-PCR	共检测鱼粉1份。其中,非洲猪瘟病毒核酸阳性1份,阴性1份
备注	1.结果详见分子生物学检测结果; 2.报告共一式两份,正本一份,副本一份; 3.本报告仅作为科研、教学、猪场内部质量监控或办理种猪动物疫病风险评估、种猪调运时参考。

编制人: 审核人: 批准人:

批准日期: 年   月   日

图2-73 猪场大宗原料非洲猪瘟检测报告

不得采购当年的新玉米。如市面上无陈年玉米必须要进新玉米时,必须对同批次的玉米进行品质检测。优先选择烘干玉米,不选择自然晾干玉米,并优先采购集装箱玉米。集装箱玉米进入仓储前须吹风过筛(图2-74),再烘干入库,这样既可便于保藏,又可杀灭玉米表面的微生物。

图2-74 玉米入库过筛处理

（2）其他原料和预混料采购

其他原料和预混料最好在厂家发货前用塑料膜包裹，先储存在中转仓（图2-75），确认塑料膜的完整性后，用消毒水进行喷洒消毒（图2-76），1~2小时后待消毒水干燥后撕开塑料膜，并用过氧乙酸或醛类雾化熏蒸或紫外消毒24小时以上方可进入饲料车间。如果塑料膜破损，可选择退货或对外包装进行更严格的消毒。其他原料和预混料尽量从厂家直接发货，避免中间环节的交叉污染。不得采购其他猪场退换的原料和预混料。必须按猪场安全库存量提前备货，建议其他原料和预混料库存不少于1个月，需紧急采购的原料经过生物安全评估和严格的消杀后方可入库。

扫码看视频

图2-75 猪场其他原料储存

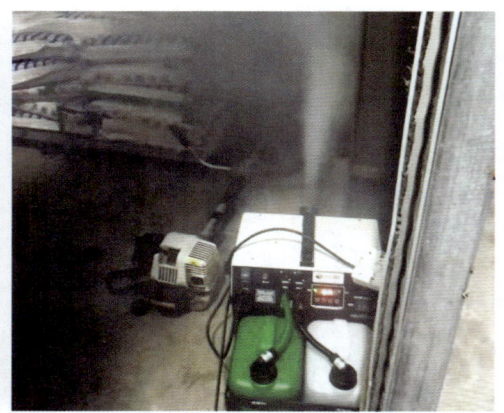

图2-76 猪场原料在中转仓消杀

2. 饲料原料的储藏管理

检验合格的饲料原料入场后，要储存进干燥的专用库房，并予以消毒（图2-77）。在使用前根据原料的特性，隔离保管几周到几月不等的时间，使原料中可能存在的病毒活性降低或自然消亡。做好生物安全防护工作，注意虫、鼠、鸟等易携带非洲猪瘟病毒的野生动物的出没，定期对其周边环境进行消毒。不

图2-77 猪场原料仓库臭氧消毒

二、生物安全防控管理体系的构建

同的原料要分区管理，由专人负责，避免人员与饲料原料频繁接触，防止二次污染。

3. 饲料入猪舍管理

对于规模化猪场，应避免使用袋装饲料，减少人员与饲料接触的机会。可直接使用密封条件下运输到场中的散装饲料，并将饲料储存至密闭的料塔中（图2-78）。饲喂时通过管道将各个料塔中的饲料直接输送至猪舍中去，从而保证饲料从生产到饲喂的整个流程都在密闭环境下进行，避免外界的病毒污染饲料。做好饲料储存区的卫生消毒管理工作，每周采样检查，保障饲料的安全性。对于处于不同生长阶段的猪群，要进行精细化的饲喂管理，根据猪群现阶段营养需求提供相应的饲料。

扫码看视频

图 2-78　猪场生产区舍外饲料储存料塔

（七）饮用水生物安全管理

随着猪场的集约化、工厂化模式的转变，猪场饮水供给、水质达标和水源的生物安全已成为猪场管理重要环节之一，饮水系统的科学管理得到日益的重视。饮水的水源受到污染，水线管道中生成的水垢和滋生的病菌，地下水矿物质超标等，都导致猪群产生一系列疾病。因此，猪场生产中首先应该做好饮水系统的管理，确保饮水的生物安全。

1. 饮用水污染来源

（1）水源污染

规模化猪场的水源主要来自地下水和自来水，只有规模较小的猪场使用地表水源。随着非洲猪瘟疫情压力的增大，越来越多猪场使用自来水和地下水。地下水虽然水质稳定，但是存在水质硬度偏大、部分矿物质含量超标等问题，而且许多猪场使用的地下水都是在场内打井，猪场自身污水容易沿着井眼渗入地下污染水井，危害猪群的健康。

（2）水线污染

水线的二次污染是所有养猪场容易忽视的问题，因为猪场水线是全封闭的，多数人不关心水线内存在的问题。水线的污染分为水塔（水箱）污染和管道污染。开放的水塔或水箱与空气接触，长时间的暴露于空气，容易滋生青苔和水垢。猪只饮水时咬合饮水乳头，口腔中的细菌通过饮水乳头进入饮水管道中，在适宜的温度下进入管道的细菌每20分钟繁殖1次，造成水线中饮用水的污染（图2-79至图2-81）。

图2-79 猪场饮用水水管污染

图2-80 猪场饮用水水线污染

图2-81 猪场饮用水水线污染

2. 水源水线污染的控制

（1）化学控制

饮用水的化学控制，就是用消毒剂对饮用水进行消毒处理。选安全、无毒、高效、无刺激性，对猪只无伤害的消毒剂。目前国际上公认常用的饮用水消毒剂有氯制剂、酸化剂（图2-82）、臭氧消毒剂和过硫酸氢钾消毒剂（图2-83）等。

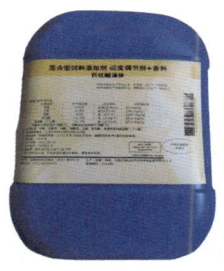
图2-82 酸化剂

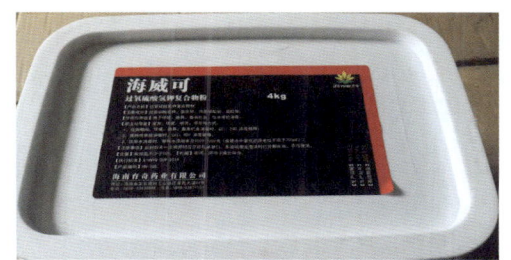
图2-83 过氧硫酸氢钾消毒剂

（2）物理控制

饮用水的控制即通过滤膜和滤芯等过滤设备对饮水进行过滤处理（图2-84、图2-85）。滤膜是以纳米孔的形式过滤饮水中的杂质和微生物，达到净水的功能；滤芯是以吸附和过滤的复合形式对饮用水进行清洁。无论是滤膜还是滤芯都需要定期检查和清洗，防止污染物的沉积造成二次污染。公猪、怀孕母猪最好使用独立饮水乳头或饮水碗，避免水料通槽造成交叉感染。

图2-84 猪场饮用水水源物理处理措施

图2-85 猪舍外饮水净水处理措施

3. 水质监测

猪场应充分重视饮水的生物安全和水质对猪群生长的影响，要定期对水源和水线中非洲猪瘟病毒和水质指标进行检测。根据《畜禽饮用水水质安全指标》（表2-1），每月对水质进行检测。根据检测的结果定期采用化学或者物理方式对水源和水线进行清洗消毒,以确保饮水生物安全。雨季和台风过后,需要提高检测频率,防止地下水被污染,保证饮用水安全卫生。

表 2-1 畜禽饮用水水质安全指标

项目		标准值	
		畜	禽
感官性状及一般化学指标	色	≤30°	
	混浊度	≤20°	
	臭和味	不得有异臭、异味	
	总硬度(以 $CaCO_2$ 计)毫克/升	≤1500	
	pH	5.5~9.0	6.5~8.5
	溶解性总固体,毫克/升	≤4000	≤2000
	硫酸盐(以 SO_4^{2-} 计)毫克/升	≤500	≤250
细菌学指标	总大肠菌群,MPN/100 毫克/升	成年畜 100,幼畜和禽 10	
毒理学指标	氟化物(以 F^- 计),毫克/升	≤2.0	≤2.0
	氰化物,毫克/升	≤0.20	≤0.05
	砷,毫克/升	≤0.20	≤0.20
	汞,毫克/升	≤0.01	≤0.001
	铅,毫克/升	≤0.10	≤0.10
	铬,毫克/升	≤0.10	≤0.05
	镉,毫克/升	≤0.05	≤0.01
	硝酸盐,(以 N 计)毫克/升	≤10.0	≤3.0

(八)有害生物安全管理

1. 猫鼠管理

猪场猫鼠是许多疾病的传播媒介。鼠类可传播口蹄疫、伪狂犬、非洲猪瘟等20多种疫病,猫极易携带弓形虫等病原体。为了提高猪场的生物安全防控系数,猪场必须做好灭鼠工作,每月初5天投放一次老鼠药(图2-86、图2-87),定

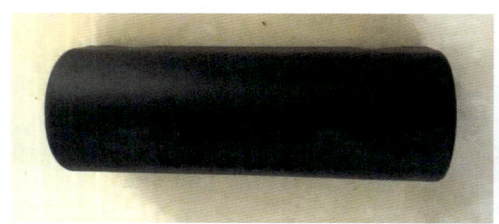

图 2-86 老鼠药投饵盒

图 2-87 猪场老鼠药投饵处

期评估灭鼠效果。各栋舍门口设置当鼠板。奖励员工打猫灭鼠，发现鼠洞要及时进行封堵。

2. 鸟类管理

猪舍和饲料加工车间必须做好防鸟的工作，猪舍和饲料加工车间窗户可安装纱窗，其他地方可安装防鸟网（图2-88、图2-89），猪舍和饲料车间大门安装塑料门帘，及时清扫舍外遗漏的饲料。全体员工要做好防鸟工作，猪舍和饲料加工车间内禁止出现鸟类，及时修补鸟洞、鸟网，进出猪舍和饲料加工车间要随手关门。

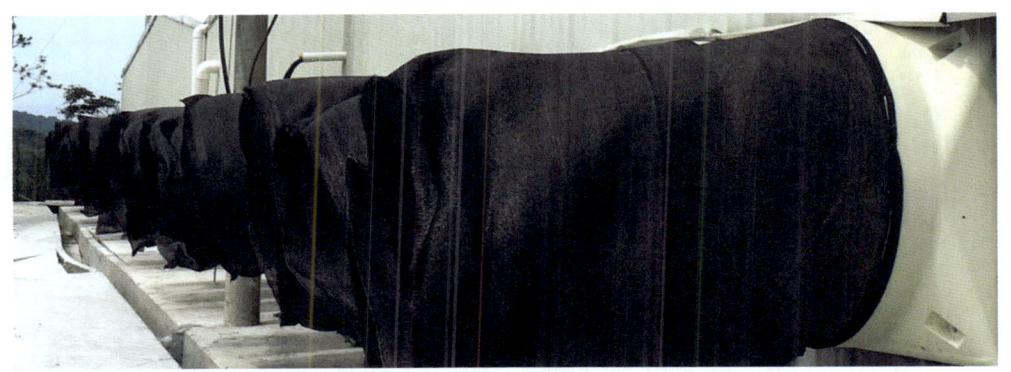

图 2-38 猪场排风口防鸟措施

图 2-89 猪场防鸟网设置

3. 蜱蝇管理

蜱虫是非洲猪瘟的宿主和传播者,做好防蜱灭蜱工作是生物安全防患工作中重要的环节之一。做好生活区和生产区内环境卫生,猪场周边和生产区内杂草须定期清理,以减少蜱虫、蚊蝇等滋生和藏匿的场所(图2-90、图2-91)。定期用40%辛硫磷浇泼溶液(1∶1000稀释)喷洒猪场周边、生产区、生活区和装猪中转站(台)扑杀蜱虫和蚊蝇;猪舍内采用苍蝇饵站扑杀苍蝇(图2-92)。

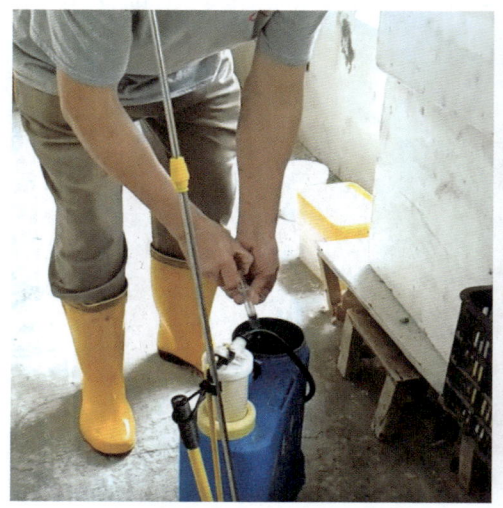

图 2-90 猪场舍外杀蜱蝇(1)

图 2-91 猪场舍外杀蜱蝇(2)

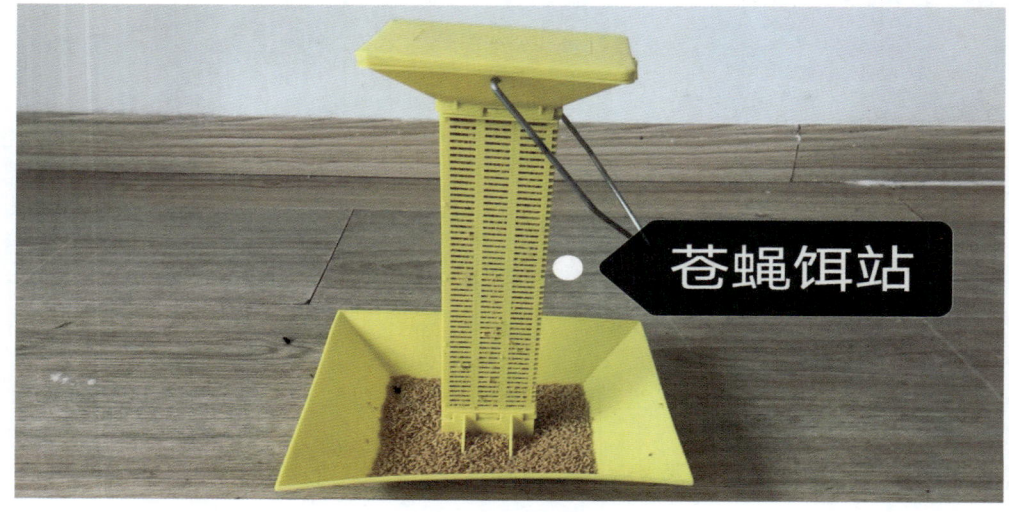

图 2-92 猪场舍内杀苍蝇饵站

二、生物安全防控管理体系的构建

4. 野猪管理

野猪是非洲猪瘟病毒的主要天然宿主和携带者。大多数猪场都位于偏远的山区，而随着生态环境的改善，野猪的种群不断扩大，阻止野猪进入猪场的核心区是非洲猪瘟防控的重要环节。猪场四周建设2.5～3.0米的围墙，防止野猪跳跃进入猪场（图2-93）。围墙外四周安装具有红外感应、跟踪、发声的摄像头，对猪场外的人员活动，以及野猪、牛、羊等动物进行警示和驱赶。

图2-93　猪场生物安全隔离网墙

（九）猪场消毒管理

1. 消毒剂的选择

要充分了解消毒剂的特性和适用范围：能否高效快速地杀灭常见病原；能否与清洁剂共同使用，或自身是否具有清洁能力；最适的温度范围和有效作用时间；不同用途的稀释比例；能否适应较硬的水质；是否刺激性小，无毒性、染色性及腐蚀性等。另外，猪场还要定期更换消毒剂。常见消毒剂及其特点见表2-2。

表2-2　常见消毒剂及其特点

消毒剂种类	优点	缺点	适用范围
过氧化物	作用速度快；适用于病毒和细菌	具有刺激性	预防病毒性疫病；水线消毒；栏舍熏蒸
氯化物	起效速度快；对病毒、细菌均有效；价格低廉	具有腐蚀性；遇有机物和硬水失活；持续效果短；具有刺激性	栏舍熏蒸；环境消毒
苯酚	活性维持时间长；对金属无腐蚀性；对细菌消毒效果好；价格低廉	具有毒性；腐蚀橡胶塑料；可能污染环境	水泥地面

续表

消毒剂种类	优点	缺点	适用范围
碘制剂	安全性高，无毒无味；起效速度快；适用于病毒和细菌	价格较贵；某些碘制剂具有毒性	适合足浴盆；预防病毒性疫病
季铵盐类	适用于水线消毒；细菌消毒效果好；安全性高	有机物存在失效；对真菌和芽孢效果不佳；不能和清洁剂混用	洗手；水线消毒
醛类	对病毒和细菌均有效	可能具有毒性	水泥地面；车轮浸泡
碱类	起效速度快；对病毒、细菌均有效；价格低廉	可能具有毒性	水泥地面；车轮浸泡

2. 栏舍消毒

（1）空栏消毒

消毒前准备好高温高压清洗机、泡沫喷枪、消毒剂、泡沫清洁剂、铁铲、竹扫把、刷子及钢丝球等设备和物品。待猪只转出后立即进行栏舍的清扫、冲洗、消毒。

洗消时遵循八步法，即一清、二拆、三扫、四洗、五干、六消、七封、八检，以达到清洁和复养的标准。

扫码看视频

第一步清空：清空舍内粪便、污物和所有不再使用的物品，放于固定地点予以焚烧或深埋处理。深埋处理后上面撒上生石灰，厚度应超过30厘米，填土后整个区域再用氢氧化钠水溶液泼浇（图2-94）。

第二步拆卸：将舍内所有可拆卸的设备，如猪栏、灯、手推车、刮粪板、食槽、饮水器等移至舍外清洗，然后放入消毒池中浸泡24小时，捞出来后放置舍外晾晒。

第三步清扫：清扫舍内可人工去除的污物、尘泥、蜘蛛网等，以获得最佳的清洗效果。猪舍的死角用刷子

图2-94 猪场空栏洗消

二、生物安全防控管理体系的构建

或钢丝球清理。

第四步清洗：清洗分三步。先清洗舍内的饮水水线，封堵好后再在水箱内加入温和、无腐蚀性的消毒剂，让它充满整条水线并作用有效时间；用高温高压清洗水枪使用70～75℃以上的热水对栏舍彻底冲洗，尤其要做好栏位底部及粪沟的清洗，及时排出粪沟的污水；用泡沫喷枪在猪舍内表面喷上一层含酸制剂的清洁泡沫（图2-95、图2-96），泡沫均匀覆盖2小时后，再用高温高压清洗水枪使用70～75℃以上的热水冲洗。

图2-95 猪场空栏消毒泡沫覆盖

图2-96 猪场空栏屋顶消毒泡沫覆盖

第五步干燥：让猪舍充分干燥，非洲猪瘟病毒在干燥的条件下会很快失活。在猪舍使用紧张时可使用烘干机将猪舍烘干，加快病原微生物的失活。

第六步消毒：使用消毒剂均匀地对舍内过道、地面、墙壁及污水沟消毒，也可采用火焰消毒。然后密闭，使用消毒剂熏蒸消毒（图2-97）。熏蒸时栏舍充分密封并作用有效时间，熏蒸后空栏通风36小时以上。复养猪场洗消步骤应至少重复3次，以确保复养成功。

图2-97 猪场空栏熏蒸消毒

第七步封存：猪舍消毒后，生产区贴上封条，空栏静置，防止再次污染。

第八步检测：猪舍在完成清洗消毒后，要多点采样（水线、栏杆、排风扇、粪沟、路面等），通过PCR检测非洲猪瘟病毒，检测结果全为阴性，则说明清洗消毒合格。

（2）日常清洁消毒

每日清理栏舍内粪便和垃圾，禁止长期堆积。发现蛛网随时清理。病死猪及时移出，放置和转运过程保持尸体完整，禁止剖检，及时清洁、消毒病死猪所经道路及存放处。

3. 场区环境消毒

（1）场区外部消毒

外部车辆离开后，及时清洁、消毒车辆所经道路（图2-98）。

图2-98　场外道路定期消毒

（2）场内道路消毒

定期进行全场道路消毒。必要时提高消毒频率，使用消毒剂喷洒。或道路路面石灰浆白化（图2-99）。猪只或拉猪车经过的道路须立即清洗、消毒。发现垃圾即刻清理，必要时进行清洗、消毒。

4. 出猪台消毒

转猪结束后立即对出猪台进行清洗、消毒。先清洗、消毒场内净区与灰区，后清洗、消毒场外污区，方向是由内向外，严禁人员交叉、污水逆流回净区。洗

二、生物安全防控管理体系的构建

图 2-99　猪场内道路石灰浆白化消毒

消流程是先冲洗可见粪污，喷洒清洁剂覆盖30分钟，再清水冲洗并干燥，最后使用消毒剂消毒（图2-100）。

图 2-100　猪场出猪栏消毒

5. 工作服和工作靴消毒

猪场可采用颜色管理，不同区域使用不同颜色标识的工作服（图2-101、图2-102）。场区内移动遵循单向流动的原则。人员离开生产区，将工作服放置于指定收纳桶，及时消毒、清洗及烘干。流程是先浸泡消毒有效作用时间，后清洗、烘干。生产区工作服每日消毒、清洗。发病栏舍人员使用该栏舍专用工作服和工作靴，在本栏舍内消毒、清洗，进出生产单元均须清洗、消毒工作靴（图2-103）。流程是先刷洗鞋底、鞋面粪污，然后在脚踏消毒盆浸泡消毒。消毒剂每日更换。

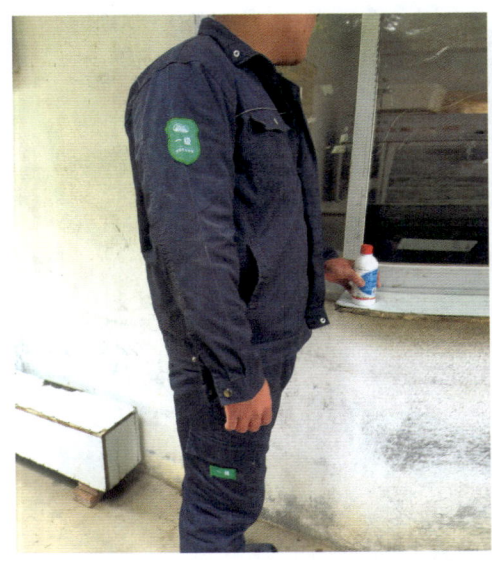

图2-101 猪场生产区员工净区工作服

图2-102 猪场生产区员工污区工作服

6. 设备和工具消毒

栏舍内非一次性设备和工具经消毒后使用。设备和工具专舍专用，如需跨舍共用，须经充分消毒后使用。根据物品材质选择高压蒸汽、煮沸、消毒剂浸润、臭氧或熏蒸等方式消毒。

图2-103 猪场生产区员工水鞋分类管理

（十）洗消烘干中心管理

猪场应建立洗消中心。洗消中心具备对车辆（运猪车、运料车等）进行清洗、消毒及烘干等功能，以及对随车人员、物品的清洗与消毒功能。

1. 选址与功能单元

洗消中心选址在离猪场 3 千米附近，距离其他动物养殖场大于 500 米。洗消中心功能单元包括值班室、洗车房、干燥房、物品消毒通道、人员消毒通道、动力站、硬化路面、废水处理区、衣物清洗干燥间、污区停车场及净区停车场等。洗消中心设置净区、污区，洗消流程单向流动。

2. 车辆洗消流程

（1）前期准备

司机驾车驶入洗消区，司机下车后再沿规定路线前往洗澡间洗澡。

（2）驾驶室清理

取下脚垫进行清洗、消毒，清理驾驶室内灰尘。消毒剂擦拭驾驶室内部，喷洒或烟雾消毒驾驶室（图 2-104）。

（3）初次清洗

车厢按照从上到下、从前到后的顺序进行猪粪、锯末等污物清洁。先低压打

图 2-104　猪场运输车辆定点洗消

湿车厢及外表面,浸润10～15分钟。底盘按照从前到后的顺序进行清洗。再按照先内后外、先上后下、从前到后的顺序高压冲洗车辆。注意刷洗车辆顶角、栏杆及车辆引擎盖内等死角。

(4)泡沫浸润

对整车予以泡沫覆盖,车辆覆盖泡沫浸润15分钟(图2-105)。

(5)二次清洗

再次按照从内到外、从上到下、从前到后的顺序热水高压冲洗(图2-106)。

图2-105 猪场运猪车辆覆盖泡沫

图2-106 猪场运输车辆热水高压冲洗

二、生物安全防控管理体系的构建

（6）沥水干燥

清洗完毕后，沥水干燥或风机吹干，有条件的猪场采用烘干房烘干，以保证车辆干燥（图2-107）。清洗后确保无泥沙、无猪粪和无猪毛，否则重洗。

（7）消毒、烘干

对整车进行全面的消毒剂消毒，并静置有效作用时间。司机洗澡、换衣及换鞋后按规定路线进入洗车房提取车辆，驾车驶入烘干房烘干（图2-108）。烘干房密闭性要好，车辆在70℃下烘干30分钟。烘干后车辆停放在净区停车场。

图2-107　猪场运猪车辆沥干水分　　　　图2-108　猪场运输车辆烘干房

（8）洗车房及设备洗消

车辆洗消后，洗消洗车房地面。高压清洗机、泡沫清洗机、烘干机及液压升降平台等设备经消毒后方可再次使用。使用过的工作服、工作靴和清洁工具移出洗消房，在指定区域清洗、消毒及烘干。洗消工具可使用背负式电动喷雾器（图2-109）、车辆驾驶室臭氧消毒器（图2-110）、泡沫清洗机、热水高压清洗机等（图2-111）。

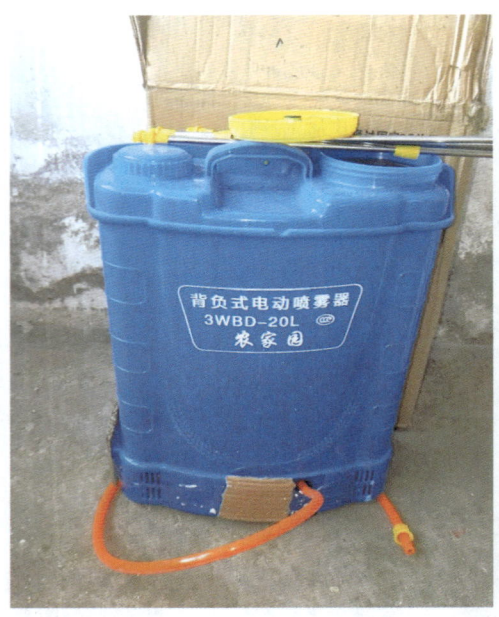
图 2-109 猪场洗消车间电子喷雾器

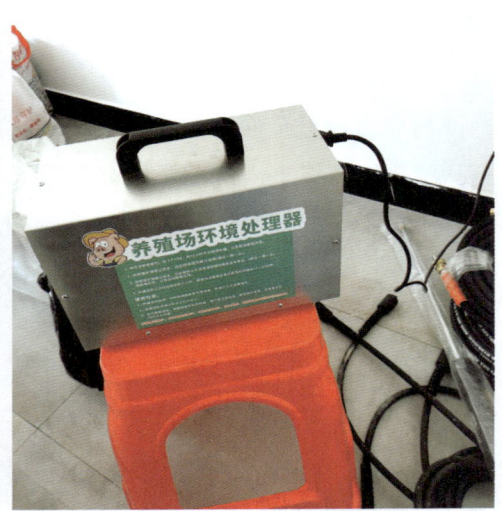
图 2-110 猪场洗消车间车辆驾驶室臭氧消毒器

图 2-111 猪场洗消车间高压冲洗机

二、生物安全防控管理体系的构建

（十一）猪场员工食堂生物安全管理

员工食堂的许多食材来自农贸市场和超市，而农贸市场人员复杂、人流量大，因此猪场员工食堂是非洲猪瘟防控生物安全风险系数大的场所。为了避免员工食堂原料的交叉污染，建议猪场采取员工食堂外移的管理思路。现有许多猪场员工食堂还是建在生活区内，需对员工食堂进行改造，对进入员工食堂的物资采取严格的洗消制定，对食材的采购环节进行严格的把控。建议蔬菜场内自种自给，生、冷菜禁止进入员工食堂，餐余垃圾定点回收处理，定期对食堂内部环境和餐具进行清理消毒（图2-112至图2-114），保持员工食堂干净整洁和卫生。

图2-112 猪场员工食堂定期消毒

图2-113 猪场员工食堂定期卫生清扫

图2-114 猪场员工食堂餐具用具消毒

1. 食堂食材采购

食堂食材应集中采购和清洗，减少采购频率。场内食堂购买的食材统一由商家送到指定点，由猪场派车拉到猪场并进行清洗。猪场员工食堂采购食材不得从周围有肉摊的摊位或兼职猪肉买卖的商家处采购。尽可能采购活禽或新鲜禽肉、新鲜河海鲜，禁止采购一切猪肉、肉制冻品及火锅料。食堂采购的所有鲜活动物食材（如鸡、鸭、鱼等）进场前最好经高温烹煮后再进入食堂。

2. 食材消毒

严禁含有泥土的蔬菜进场，应事先准备好消毒过的镂空篮筐，去掉食材原有的外包装，统一放消毒间进行臭氧（2×10^{-5}，即20ppm）消毒，维持2小时（图2-115、图2-116）。非肉制冻品（如汤圆等）在进入办公区前即拆除包装袋，用干净的保鲜袋分装后消毒。以上操作过程需在生物安全员监督下进行。

图2-115　猪场果蔬臭氧消毒机

图2-116　猪场果蔬臭氧消毒

3. 食材库存和储备

员工食堂使用的米、面、油，以及调味料和煤气罐等生活物资需在中转仓库消毒并存放7天以上，进入场内食堂前应再一次消毒。鼓励生产区员工利用业余时间种植蔬菜，猪场按市场价向员工采购蔬菜，尽可能让猪场内部食堂蔬菜自给自足，但禁止员工将菜园内的工具、泥土等带进猪舍。

4. 食堂其他防控措施

猪场生活区员工食堂，做饭区域与吃饭区域用玻璃窗隔开，相互独立，以此避免其他员工因经过厨房接触到食材（图2-117）。厨师在厨房必须穿着围裙、袖套，戴帽子工作，厨房门口放消毒垫，进出食堂时必须踩踏消毒垫消毒。每天保持消毒垫湿润，每天晚上下班前安排对厨房地面用复方戊二醛（安灭杀）或过硫酸氢钾（卫可）拖地擦拭，切菜板用开水高温蒸煮消毒。以上工作均需在生物安全员监督下进行。猪场办公区员工家中猪肉尽量避免到市场采购，最好由猪场统一供应。

图2-117 猪场员工食堂分区管理

三、检测实验室管理

随着猪场养殖规模的快速发展，猪病变得极为复杂，仅靠传统的诊断已无法解决问题，实验室诊断就显得极为重要。非洲猪瘟如在发病潜伏期确诊，有利于帮助管理者及早采取紧急措施，减少猪场的损失，因此规模化猪场建设兽医诊断实验室十分必要。

（一）猪场兽医诊断实验室选址

猪场兽医诊断实验室应严格按照猪场生物安全规范设立，必须远离生产区、生活区和办公区，位于各功能区的下风向、排污设施的下游，不能和屠宰线或养殖场相通；若在猪场外部，应选择远离养殖区、居民区和饮用水源保护区（图3-1）。

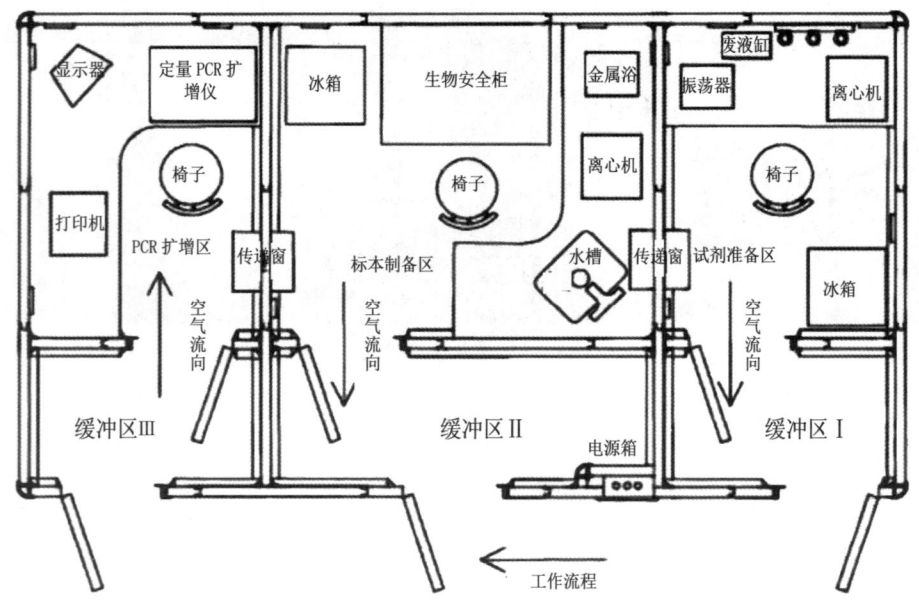

图3-1 猪场简易实验室选址和布局示意图

（二）猪场兽医诊断实验室建筑设置

猪场兽医诊断实验室一般包括：收样室、解剖室、细菌实验室、病毒实验室、血清学检测实验室、分子生物学实验室（图3-2）。分子生物学实验室要开展PCR检测病原工作，为防止气溶胶污染，将其划分为配液区、扩增区及电泳区。

图3-2 猪场简易实验室

（三）猪场兽医诊断实验室仪器设备

猪场兽医诊断实验室仪器设备主要包括：解剖台、超净工作台、高压灭菌锅、高速离心机、恒温培养箱、冷藏冰箱、冷冻冰箱、试剂柜、组织捣碎仪、精密天平、pH计、光学显微镜、试验操作台、PCR仪、电泳仪、酶标仪、档案柜等（图3-3、图3-4）。

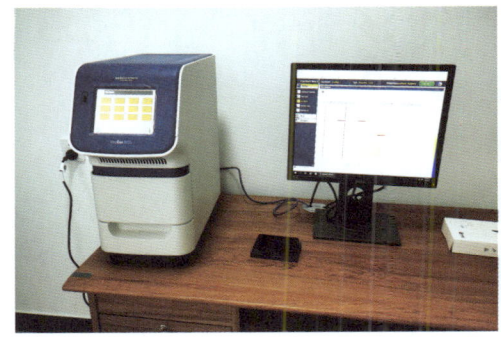

图3-3 猪场简易实验室设备（1）

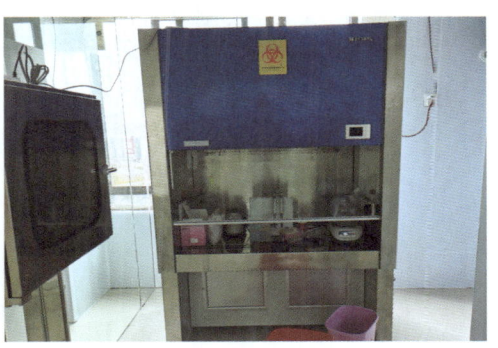

图3-4 猪场简易实验室设备（2）

（四）猪场兽医诊断实验室人员配备

猪场兽医诊断实验室人员必须接受专业的教育和培训，具备兽医学专业技能，能够分析检测结果。猪场兽医诊断实验室人员还必须具有较强的生物安全防控意识，防止实验室病原的扩散传播。

（五）猪场兽医诊断实验室工作事项

1. 细菌分离鉴定和药敏试验

猪场常见的细菌主要有：大肠杆菌、链球菌、副嗜血杆菌、沙门菌及传染性胸膜肺炎等。首先无菌采集病料并进行细菌分离，再接种到合适的固体培养基上（图3-5、图3-6）。然后根据分离细菌的特性进行镜检、菌落形态观察、生化试验、动物回归试验及PCR检测等，并对纯化的致病菌进行药敏试验，筛选出敏感的治疗药物，以避免药物的滥用和耐药菌的出现。

图3-5 细菌分离鉴定

三、检测实验室管理

2. 抗体检测试验

猪场血清抗体检测的主要意义是对主要传染病如猪伪狂犬病、口蹄疫等烈性疾病的净化起指导性作用,并对猪场疫苗的免疫效果进行评价和优化免疫程序。血清抗体测定主要使用的方法有正向间接血凝、酶联免疫吸附试验(ELISA)、凝集试验等(图3-7)。其中,ELISA方法用途最为广泛。猪场在使用ELISA方法测定血清抗体时,一定要选择正规厂家生产的ELISA试剂盒。

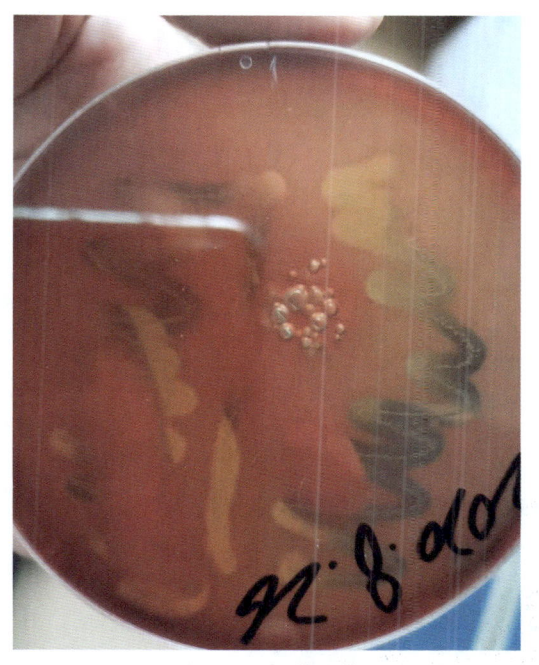

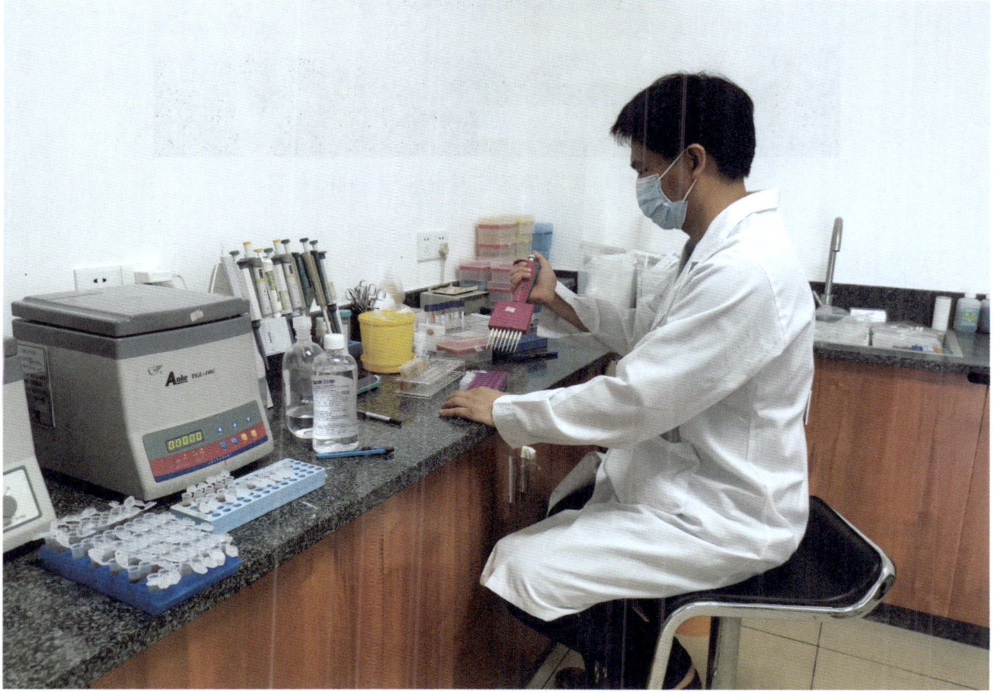

图3-6 细菌培养

图3-7 抗体检测

3. 分子生物学鉴定

猪病以分子生物学方法进行诊断具有经济、高效、快速、准确等特性，已得到业内专业人士的认可。分子生物学方法用途最广泛的是 PCR 或 RT-PCR 检测。该方法一般是先从组织病料中提取病原 DNA 或 RNA，然后利用 PCR 仪器进行 PCR 扩增，用电泳仪进行核酸电泳。条件好一点的实验室也可选择荧光定量 PCR 仪器进行 PCR 扩增，无需核酸电泳（图 3-8）。将 PCR 扩增产物回收，送专业测序机构进行测序，可获得病原基因信息，进而对猪场病原基因型进行鉴定，鉴定结果可用于病原追溯和疫苗毒株的筛选。

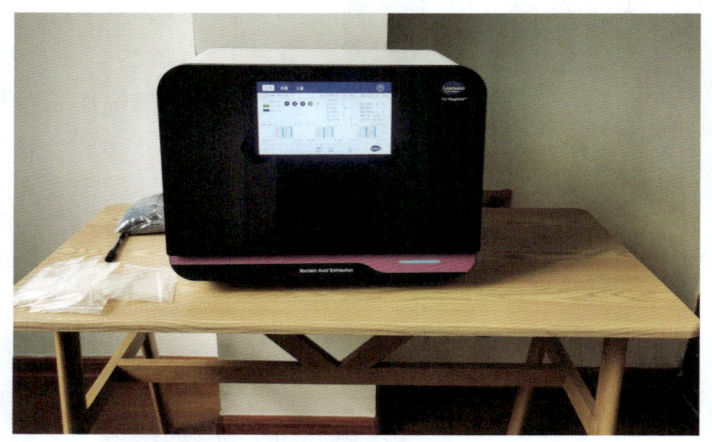

图 3-8　猪场简易实验室荧光定量 PCR 仪器

（六）猪场兽医诊断实验室职责

猪场兽医诊断实验室工作人员必须完成好本实验室的本职工作，此外还需参与猪场生物安全体系的建立、执行和监督等工作。实验室工作人员应积极参加对外交流活动和业务培训，提高实验室工作效能。

四、猪场软硬件升级

防控非洲猪瘟,必须贯彻"态度重视、了解原理、制定方案、落地执行"的指导思路,做好生物安全体系中的人、车、猪、物、料的管理工作,加强猪场日常管理工作,并不断地升级猪场的软硬件条件,为猪群健康、稳定地生产保驾护航。

(一)猪场软件升级

1. 猪场兽医日常规范

猪场兽医负责药物和疫苗的合理使用,是猪场生物安全监督和执行的主要责任人,所以猪场兽医的日常规范是猪群健康的保证。

(1)猪只出现异常情况,及时发现并上报

病死猪需在专业和科学的指导下进行解剖与采样。每次常规采血以后的采血针、离心管等器械须统一、集中进行焚烧处理,灰烬深埋并在深埋坑底部铺上生石灰。

(2)所有死淘猪及时处理

死淘猪由生物安全员送至无害化处理区或兽医诊断实验室。相关接触人员要求立即洗澡更衣,换下来的衣物要求立即浸泡消毒、清洗和烘干。如果有流产母猪,先不移动,防止交叉感染,认真监测排除风险后再移动。对应的生产人员同样也要隔离到位,待检测非洲猪瘟阴性后方可解除隔离。

(3)治疗、免疫要一猪一针头

使用过的针头先放到消毒液中浸泡2~3小时后再用清水清洗,连同拆卸清洗后的注射器一起高温消毒30分钟,再用烘干干燥箱烘干后使用(图4-1、图4-2)。使用前对针头逐一检查,针尖变钝、弯曲变形的不得使用。

图 4-1 猪场医疗器械水煮高温消毒

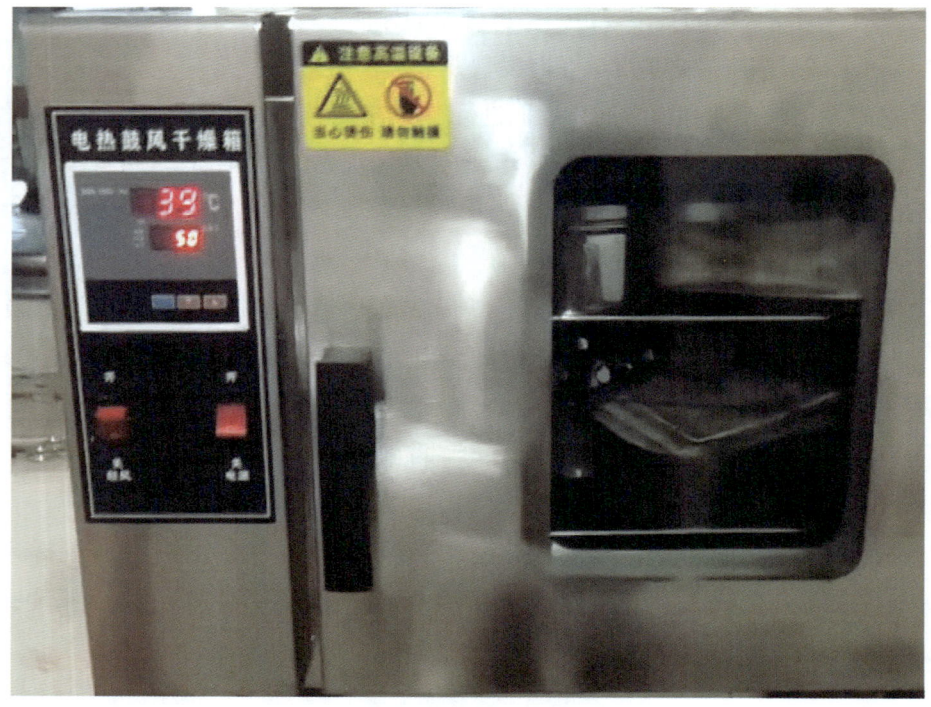

图 4-2 猪场医疗器械烘干消毒

2. 猪场管理制度完善

制订和完善相关流程制度，制度管人，流程管事。没有相关流程制度，会由于员工的流动、员工素质等因素影响生产。同时根据不同防控压力，制订不同防范细则，更能做到有条不紊、临危不乱。为提高全员的生物安全防非意识，应定期对全体员工进行生物安全防非相关知识培训（图4-3）。其内容必须切合本场的实际情况，同时定期考核。为了让猪场的人员减少工作压力和改善生活品质，猪场的软件升级很有必要，可以有效地缓解人员的焦虑情绪。

图4-3　猪场员工定期进行生物安全培训

（1）重视生物安全措施

首先，猪场经营管理层要有足够高的生物安全防控意识，因为很多生物安全建设需要资金投入。其次，猪场各级管理人员对非洲猪瘟的生物安全防控意识也必须足够强，因为管理人员是生物安全规程的制订、执行和监督的第一责任人。再次，基层员工要有生物安全防控意识，并严格遵守，因为基层员工是饲喂直接操作者，是与猪只接触频率最高的人，猪只的异常行为只有基层员工才会第一时间见到；同时，基层员工也是生物安全防疫实际操作者。

（2）成立生物安全防控小组

成立生物安全防控小组，负责制订制度，指导各部门的生物安全操作，检查各部门的生物安全整改、落实情况；各部门必须配合生物安全防控小组的工作。同时生物安全防控小组须定期召开总结与计划会议，不断改进生物安全防疫措施。对违反猪场生物安全制度或生物安全规定的操作，坚决进行处理，视情节严重程度，予以警告、处罚、辞退等；对在制订或完善生物安全措施过程中表现消极、不配合，未按预定时间整改或上报的人员，予以处罚、警告、通报批评；对在建立制订或完善生物安全措施过程中表现积极主动的人员，予以表扬和奖励。

（3）严格执行生物安全措施

生物安全操作是全猪场最重要的工作，猪场经营管理者作为第一负责人，须负责监督猪场生物安全执行情况。猪场要建立生物安全检查流程，并在每个重要的区域配置生物安全员。生物安全员应执行和监督日常各项生物安全操作，并及时总结和汇报存在的问题；若对生物安全相关制度和操作存在疑问，应及时反馈和咨询，不得随意更改和违反。

（4）提高职工生活质量

大部分猪场长时间处于封场状态，员工进出受限，日常工作生活相对枯燥，对此适当提高员工福利待遇（基本薪资、封场补贴、住宿条件、娱乐活动等），这样不仅可以稳定员工，还能使员工对防控非洲猪瘟工作更加用心、负责。另外，还应提高员工的素质。员工素质直接影响着整个养殖场的生产效益，非洲猪瘟来临后，这样的影响会更大。因此，必须提高员工整体素质，防控工作将会事半功倍。

（二）猪场硬件升级

通过视频监控的手段对中转猪台、洗消中心、物资中转仓库、生产区、饲料加工车间、隔离舍、出猪台、无害化处理区等猪场四周进行实时流程监控，及时发现问题并整改（图4-4）。

图4-4 猪场四周实时流程监控管理

五、非洲猪瘟应急演练处置

非洲猪瘟应急演练处置技术是猪场必须准备的一个重要技术环节,是在猪场一旦发生了非洲猪瘟时的一项重要精准剔除措施。猪场应根据《非洲猪瘟应急实施方案(第五段)》规定,结合猪场实际情况,制订非洲猪瘟应急演练处置方案。

(一)成立应急演练处置小组

应急演练处置小组由以下人员组成。

总指挥:技术中心总监。

副总指挥:技术中心经理。

现场指挥:兽医经理、子公司总经理。

场区总负责:生产部场长。

①协调组:技术中心经理、兽医经理、子公司总经理、场长。

②处理组:发病区舍技术人员、饲养员。

③消毒组:发病区舍技术人员、饲养员。

④排查采样组:未发病区舍技术人员(对正常猪进行唾液采样)。

⑤应急物资组:办公区人员。

⑥后勤保障组:办公区人员(特别采购)。

(二)疫情发生时处置原则

早:及早发现;

快:快速反应;

严:严格处置;

小:减少损失。

根据唾液学检测结果进行网格化精准清除。

（三）疑似疫情处置

当临床有疑似非洲猪瘟特征时，第一时间采取如下应对措施并第一时间反映给兽医经理。

第一时间将有风险单元进行隔离（包括人员），该单元内任何物品不得与其他单元共用。

对场内各单元按照健康风险程度进行区域划分，暂停人员串舍和猪只流转；风险单元专人管理，进出单元必须更换衣物、雨鞋和手部消毒，避免交叉。

风险单元内物品禁止外带，其他单元如需使用则重新采购。

暂停猪舍内任何可能会产生交叉或者风险扩散的活动。

停止风险单元内除了饲喂、饮水外任何生产活动，包括查情、配种、免疫和治疗等；中止产房所有仔猪处理，甚至停止产床卫生清理（除非清粪工具足够多或者工具得到确实有效的消毒处理）和母猪料槽间匀料等行为。这些活动的恢复应该在风险排除之后由兽医经理下达通知逐步推进。

各单元门口等关键位置必须有明确的区域划分标识。

（四）疫情确诊

已经出现厌食或流产猪只，可以采集唾液或血液送检；健康猪只，优先用棉绳或15厘米长棉签采集唾液样本。对于病猪、死猪也可以采集病料组织（腹股沟开小创口取淋巴结样，减少血液污染）。

立即将采集好的样品在冰冻或低温状态下，当天送实验室检测非洲猪瘟病原，24小时内给出结果。

结果1：阴性，检测其他病原，观察3日，未扩散，解除警戒。

结果2：阳性，紧急采取精准清除措施。

（五）疫情处置

按照疑似处理要求进行相关隔离、消毒等工作。

若为定位栏发病，选用过硫酸氢钾（卫可）1∶1000或酸化剂（调制pH3.5～3.9）调制好，再放入同槽供母猪饮用。

五、非洲猪瘟应急演练处置

（1）区域的划分

发病单元为污染区，未发病单元为受威胁区。发病单元发病猪周边（同栏、同槽、非实体墙隔壁栏）为污染猪群，与发病猪不存在相应接触的为受威胁猪群。

（2）人员安排

兽医经理通过视频或现场进行生物安全注意事项讲解，让场内所有员工必须对感染区域和需要保护的区域有清楚的概念，尽可能避免人为扩大污染面，给精准清除或后期复养造成难度。

对于发病单元，安排一个饲养员开展正常饲喂工作；本单元其余所有员工对发病猪群及污染猪群进行处理工作。在发病单元旁搭建临时宿舍，发病单元未处置结束，禁止回生活区，也禁止离开本单元。

对于未发病单元，不得串区及互借工具，安排技术人员、饲养员进行栏与栏、单元与单元之间的物理隔断工作。同时，每3日使用棉绳（棉绳必须事先高温消毒）对大栏内猪群进行唾液采集，每3天用棉签对定位栏内猪群进行唾液采集，当日送检。如有条件，可使用荧光定量仪进行场内检测。

（3）执行处理措施

①优化人员，执行力差的及时更换，提高全场人员执行力。

②发生疫情后，为提高防控及精准清除效果，应制定适宜疫情控制阶段的奖罚措施或相应临时绩效方案。

③所有淘汰猪行走的道路使用地毯（麻袋、帆布、毛毯等）铺好，上面喷洒3%氢氧化钠水溶液，两侧使用彩条布进行阻隔（图5-1、图5-2）；所有参与污染猪群淘汰的人员均须穿隔离服和专用胶鞋，在限定的区域活动。

图5-1 地毯通道（1）

图 5-2 地毯通道（2）

④预处理猪只全部一次性处理。

⑤使用的地毯、彩条布、防护服就近空地集中焚烧。

⑥将换下的雨鞋、工作服，用高温水煮（水开后10分钟以上）后，再进行清洗、消毒、烘干。

（4）各单元区域分割

通用水槽使用沙袋或水袋等进行有效隔断；单元内不同区域使用独立的工具（如清粪工具、刮槽板等）；各大栏之间尽快使用镀锌板进行分割，减少不同栏猪只之间的直接接触；彼此相通的小单元则进行封堵隔断；大跨栋妊娠舍根据风向，使用彩条布分为彼此相对独立的小区域。

（5）加强各单元通道、场区道路的白化和消毒工作

发病单元禁止在各种消毒工作之前进行冲洗，粪便冲洗前，统一使用氢氧化钠水溶液（≥3%）浇泼浸泡（非全漏缝）；栏杆、墙面、水泥过道进行火焰消毒；最后再使用石灰浆白化（检测pH>11.5），栏舍充裕时白化工作每3天进行1次，连续白化5次。

（6）饮水消毒

选用过硫酸氢钾（卫可）1:1000，也可选用酸化剂（调制pH3.5~3.9）消毒。

（7）地沟等处污水消毒

液泡粪猪舍：发病单元禁止将液泡粪排到污水处理区，塞好排污口；计算好液泡粪污水量，倒入足量的氢氧化钠。

非液泡粪猪舍：地沟污水排空，在污水处理区进行发酵储存，污水处理区做好防鼠、鸟等动物措施，同时污水处理区周边铺洒足量的氢氧化钠水溶液。

（8）区域清群后续工作

区域清群之后，各区域仍会陆续有问题猪只出现，需要保留一个暂存区，用于集中放置异常猪只及划定的风险猪群。根据实际情况，选择合适的频率对集中起来的异常猪只进行妥善处理。

（9）区域清群的结果界定

一般连续20天（参考潜伏期）以上，不再有异常猪只出现（或者所有异常猪只持续检测，实验室诊断均给予排除），可视为初步成功。

（10）通过群体快速检测技术实现精准淘汰，降低损失

通过群体快速实验室检测进行精准淘汰的办法，可以最大程度地降低损失，避免不必要的淘汰所造成的生产力浪费。

集中所有人力，在最短的时间内进行全场整体采集唾液或肛门拭子，以5头为基本单位进行混样，在最短的时间内进行第一轮全群检测，阳性立即剔除，其余观察。要严格要求采样工具的洁净度，采样过程应避免接触猪只，每头更换1次无粉手套或一次性PE手套，必须保证使用无污染的工具进行采样。

在3天之后进行第二轮群体普检，以上次分组组合为基本分组标准。操作方法与第一轮相同。距离第二轮普检7天左右，进行相同规格的第三轮普检。

各轮普检期间，每天对表现异常的猪只进行例行检测，同时保持较高强度的全场消毒。

时间的高效利用和检测结果的可靠性是本方法的基本保障。务必在最短的时间内完成各轮全群普检，以保持状态的一致性。同时，必须确保检测出来的结果是值得信任的（选择的荧光定量检测必须经过比对试验且合格）。

疾病早期加大淘汰力度，可以更好更快地降低风险，却不可避免地会有相当比例的误淘。通过检测进行精准淘汰可以降低误淘，最大程度地保留猪群，但是要求匹配更严格的生物安全措施和快速准确的检测实验室。需要在最短的时间内获得整个猪群的实时风险状态并果断采取处置措施（问题猪只处理的相关注意事项同区域清群），时间越长猪群状态变化越大，检测结果的参考意义就越小。一旦处置过程失控，后果可能更严重，因此准确的评估定位和充分的准备工作非常关键。

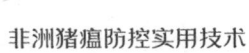

（11）防止交叉污染

①人员做好分工，明确各自的工作内容，专人巡视，专人处理问题猪只。

②问题猪只转运前后，必须做好路上的物理隔断与洗消工作，且要及时。

③按区进行隔离，配置洗消、食宿设施设备；区内按问题舍和非问题舍进行再划分，人员、工具不得交叉。

④每周至少进行1次总结，每半个月各区必须进行1次可行性培训，不断强调生物安全疫病防控工作的重要性和规范性。

（12）控制计划及每日汇报

场长必须了解全场情况，且要有每日针对疫情控制的工作计划；由场长每日汇报疫情控制情况。

六、非洲猪瘟发生后复产的必要条件

非洲猪瘟发生后的复产应依据农业农村部印发的《非洲猪瘟疫情应急实施方案（第五版）》规定：应对阳性场所有猪按规定进行无害化处理后21天内，疫区、受威胁区未出现新发疫情；所在县的上一级人民政府农业农村（畜牧兽医）主管部门组织对疫点和屠宰场所、市场等流行病学关联场点抽样检测合格；解除封锁后，符合下列复产条件之一的可恢复生产。

（一）复产条件

①具备良好生物安全防护水平的规模养殖场，引入哨兵猪饲养至少21天，经检测无非洲猪瘟病毒感染，经再次彻底清洗消毒且环境抽样检测合格。

②空栏5个月且环境抽样检测合格。

③引入哨兵猪饲养至少45天，经检测无非洲猪瘟病毒感染。

（二）复产措施

不同地区不同猪场非洲猪瘟的疫情环境、防控压力、防控硬件条件及管理条件有差异，需进行评估并制定出符合本场的复产措施。

①本县级行政区域内3个月以上无疫情的发生并已解除疫情封锁，且复产猪场的生物安全设施、制度、措施、方案已经完善。

②具有足够的人力、物力和财力。

③对猪场周围环境、生产区、生活区、办公区、物资、人员、车辆等分别进行系统的采样。

④通过OIE标准推荐的荧光定量PCR（qPCR）进行病原学检测，认真评估空栏洗消效果，确保复产前所有项目检测为阴性，才可以引进哨兵猪或后备猪进

行临床监测和观察。

⑤在复产前可根据需要引入第三方的专业评估机构对猪场进行评估，以确保猪场复产成功。

附 录

一、猪场常用物品消毒剂配制与使用

表1 猪场常用物品消毒剂配制与使用

品 名		消毒方式	地点：各场备用储物间	地点：大门口
生活用品	纸巾	带包装熏蒸	1:200 卫可擦拭外包装	15毫升/米³ 38%甲醛溶液，湿度65%，室温，熏蒸12小时
	卫生巾	带包装熏蒸	1:200 卫可擦拭外包装	15毫升/米³ 38%甲醛溶液，湿度65%，室温，熏蒸12小时
	牙膏	消毒液浸泡	1:200 卫可擦拭外包装	1:200 卫可擦拭外包装；15毫升/米³ 38%甲醛溶液，湿度65%，室温，熏蒸12小时
	牙刷	消毒液浸泡	1:200 卫可擦拭外包装	1:200 卫可擦拭外包装；15毫升/米³ 38%甲醛溶液，湿度65%，室温，熏蒸12小时
	洗发水	熏蒸	1:200 卫可擦拭外包装	1:200 卫可擦拭外包装；15毫升/米³ 38%甲醛溶液，湿度65%，室温，熏蒸12小时
	沐浴露	熏蒸	1:200 卫可擦拭外包装	1:200 卫可擦拭外包装；15毫升/米³ 38%甲醛溶液，湿度65%，室温，熏蒸12小时
	润肤露	熏蒸	1:200 卫可擦拭外包装	1:200 卫可擦拭外包装；15毫升/米³ 38%甲醛溶液，湿度65%，室温，熏蒸12小时
	盆	熏蒸	1:200 卫可浸泡30分钟	1:200 卫可浸泡30分钟；15毫升/米³ 38%甲醛溶液，湿度65%，室温，熏蒸12小时
	桶	熏蒸	1:200 卫可浸泡30分钟	1:200 卫可浸泡30分钟；15毫升/米³ 38%甲醛溶液，湿度65%，室温，熏蒸12小时
	杯子	消毒液浸泡	1:200 卫可浸泡30分钟	1:200 卫可浸泡2小时
办公用品	笔记本	熏蒸	75%酒精擦拭3遍	15毫升/米³ 38%甲醛溶液，湿度65%，室温，熏蒸12小时
	打印纸	熏蒸	1:200 卫可擦拭外包装	15毫升/米³ 38%甲醛溶液，湿度65%，室温，熏蒸12小时
	中性笔、笔芯	熏蒸	1:200 卫可擦拭外包装	15毫升/米³ 38%甲醛溶液，湿度65%，室温，熏蒸12小时

续表

品 名		消毒方式	地点：各场备用储物间	地点：大门口
生产工具	金属制品			
	断尾钳	熏蒸	1:200卫可浸泡2小时	15毫升/米³ 38%甲醛溶液，湿度65%，室温，熏蒸12小时
	金属注射器	熏蒸	1:200卫可浸泡2小时	15毫升/米³ 38%甲醛溶液，湿度65%，室温，熏蒸12小时
	耳标钳	熏蒸	1:200卫可浸泡2小时	15毫升/米³ 38%甲醛溶液，湿度65%，室温，熏蒸12小时
	针头	熏蒸	1:200卫可浸泡2小时	15毫升/米³ 38%甲醛溶液，湿度65%，室温，熏蒸12小时
	镊子	熏蒸	1:200卫可浸泡2小时	15毫升/米³ 38%甲醛溶液，湿度65%，室温，熏蒸12小时
	刀片	熏蒸	1:200卫可擦拭外包装	15毫升/米³ 38%甲醛溶液，湿度65%，室温，熏蒸12小时
	手术刀	熏蒸	1:200卫可擦拭外包装	15毫升/米³ 38%甲醛溶液，湿度65%，室温，熏蒸12小时
	螺丝	熏蒸	1:200卫可浸泡2小时	15毫升/米³ 38%甲醛溶液，湿度65%，室温，熏蒸12小时
	螺帽	熏蒸	1:200卫可浸泡2小时	15毫升/米³ 38%甲醛溶液，湿度65%，室温，熏蒸12小时
	老虎钳	熏蒸	1:200卫可浸泡2小时	15毫升/米³ 38%甲醛溶液，湿度65%，室温，熏蒸12小时
	螺丝刀	熏蒸	1:200卫可浸泡2小时	15毫升/米³ 38%甲醛溶液，湿度65%，室温，熏蒸12小时
	塑料制品			
	输精管	熏蒸	1:200卫可擦拭外包装	15毫升/米³ 38%甲醛溶液，湿度65%，室温，熏蒸12小时
	一次性注射器	熏蒸	1:200卫可擦拭外包装	15毫升/米³ 38%甲醛溶液，湿度65%，室温，熏蒸12小时
	耳标	熏蒸	1:200卫可擦拭外包装	15毫升/米³ 38%甲醛溶液，湿度65%，室温，熏蒸12小时
	润滑剂	熏蒸	1:200卫可擦拭外包装	15毫升/米³ 38%甲醛溶液，湿度65%，室温，熏蒸12小时
	高压水管	熏蒸	1:200卫可擦拭外包装	15毫升/米³ 38%甲醛溶液，湿度65%，室温，熏蒸12小时
	记号笔	熏蒸	1:200卫可擦拭外包装	15毫升/米³ 38%甲醛溶液，湿度65%，室温，熏蒸12小时
	玻璃制品			
	温度计	熏蒸	1:200卫可擦拭外包装	15毫升/米³ 38%甲醛溶液，湿度65%，室温，熏蒸12小时
	保温灯	熏蒸	1:200卫可擦拭外包装	15毫升/米³ 38%甲醛溶液，湿度65%，室温，熏蒸12小时
	照明灯	熏蒸	1:200卫可擦拭外包装	15毫升/米³ 38%甲醛溶液，湿度65%，室温，熏蒸12小时
	体温计	熏蒸	1:200卫可浸泡2小时	15毫升/米³ 38%甲醛溶液，湿度65%，室温，熏蒸12小时

续表

	品 名	消毒方式	地点：各场备用储物间	地点：大门口
生产工具	玻璃制品 载玻片	熏蒸	1:200 卫可浸泡2小时	15毫升/米³ 38%甲醛溶液，湿度65%，室温，熏蒸12小时
	盖玻片	熏蒸	1:200 卫可浸泡2小时	15毫升/米³ 38%甲醛溶液，湿度65%，室温，熏蒸12小时
工程类材料	PE类材料	熏蒸		5毫升/米³ 38%甲醛溶液，湿度65%，室温，熏蒸12小时
	PVC类材料	熏蒸		5毫升/米³ 38%甲醛溶液，湿度65%，室温，熏蒸12小时
	PPR类材料	熏蒸		5毫升/米³ 38%甲醛溶液，湿度65%，室温，熏蒸12小时
	电线类	熏蒸		5毫升/米³ 38%甲醛溶液，湿度65%，室温，熏蒸12小时
	油漆类	熏蒸		5毫升/米³ 38%甲醛溶液，湿度65%，室温，熏蒸12小时
	镀锌类	消毒液喷洒		1:200 卫可喷洒消毒作用半小时，连续消毒4次，每次间隔半小时
	铝合金类	消毒液喷洒		1:200 卫可喷洒消毒作用半小时，连续消毒4次，每次间隔半小时
电子设备	风机	消毒液喷洒		1:200 卫可喷洒消毒作用半小时，连续消毒4次，每次间隔半小时
	手机、手机充电线	擦拭、熏蒸	1:200 卫可擦拭	1:200 卫可擦拭；15毫升/米³ 38%甲醛溶液，湿度65%，室温，熏蒸12小时
	电脑、电脑充电线	擦拭、熏蒸	1:200 卫可擦拭	1:200 卫可擦拭；15毫升/米³ 38%甲醛溶液，湿度65%，室温，熏蒸12小时
	剃须刀	擦拭、熏蒸	1:200 卫可擦拭	1:200 卫可擦拭；15毫升/米³ 38%甲醛溶液，湿度65%，室温，熏蒸12小时
食材	水果	消毒液浸泡	1:800 卫可浸泡30分钟	1:800 卫可浸泡半小时
	蔬菜	消毒液浸泡	1:800 卫可浸泡30分钟	1:800 卫可浸泡半小时
	鸡、鸭、鱼	消毒液浸泡，热加工熟食入内	1:800 卫可浸泡半小时	1:800 卫可浸泡半小时，在隔离点高温（80℃以上）处理半小时
	米面	消毒液擦拭外包装	1:200 卫可擦拭外包装作用半小时，连续消毒4次，每次间隔半小时	臭氧熏蒸消毒12小时
	食用油	消毒液擦拭外包装	1:200 卫可擦拭外包装作用半小时，连续消毒4次，每次间隔半小时	臭氧熏蒸消毒12小时

续表

	品名	消毒方式	地点：各场备用储物间	地点：大门口
食材	调料、干货	消毒液喷洒	1:200 卫可喷洒消毒作用半小时，连续消毒 4 次，每次间隔半小时	臭氧熏蒸消毒 12 小时
动保产品	兽药：兽药	擦拭、熏蒸	拆除包装后用 1:200 卫可浸泡 30 分钟	拆除包装后用 1:200 卫可擦拭；15 毫升 / 米^3 38% 甲醛溶液，湿度 65%，室温，熏蒸 12 小时
动保产品	消毒剂：消毒剂	擦拭、熏蒸	拆除包装后用 1:200 卫可浸泡 30 分钟	1:200 卫可擦拭；15 毫升 / 米^3 38% 甲醛溶液，湿度 65%，室温，熏蒸 12 小时
动保产品	消毒剂：清洗剂	擦拭、熏蒸	拆除包装后用 1:200 卫可浸泡 30 分钟	1:200 卫可擦拭；15 毫升 / 米^3 38% 甲醛溶液，湿度 65%，室温，熏蒸 12 小时
动保产品	其他物品：烧碱	熏蒸		15 毫升 / 米^3 38% 甲醛溶液，湿度 65%，室温，熏蒸 12 小时
动保产品	其他物品：甲醛	擦拭、熏蒸	1:200 卫可擦拭	1:200 卫可擦拭；15 毫升 / 米^3 38% 甲醛溶液，湿度 65%，室温，熏蒸 12 小时
动保产品	其他物品：干燥粉	熏蒸		15 毫升 / 米^3 38% 甲醛溶液，湿度 65%，室温，熏蒸 12 小时
动保产品	疫苗：灭活苗	浸泡	1:400 卫可浸泡 30 分钟	1:400 卫可浸泡 30 分钟
动保产品	疫苗：弱毒苗	浸泡	外包装拆除，用 1:200 卫可过水	1:200 卫可过水

* 卫可通用名为过硫酸氢钾。

二、猪场各环节消毒方案

表2 猪场各环节消毒方案

使用环境	消毒剂种类或方法	消毒频率或要求	备注
发病单元及周边	卫可1:200	每日喷雾消毒地面2次	二选一
	安灭杀1:150	每日喷雾消毒地面2次	
物品熏蒸消毒室	臭氧	拆除外包装,熏蒸3小时	新物品入库前臭氧熏蒸
外购蔬菜消毒	臭氧	拆除外包装,放专门的镂空蔬菜框内,熏蒸3小时	做好厨房与生产区分割
生活区、办公区	卫可1:200	喷洒地面、擦拭桌面,每2天1次	二选一
	安灭杀1:150		
药品(疫苗)擦拭消毒	卫可1:200	擦拭外表面	最外层大包装拆除
熏蒸房	烘干	55℃烘干3小时,或60℃烘干2小时,或70℃烘干30分钟	温度达不到时增加熏蒸
	卫可1:25	每100米^{3}空间卫可40克+水960克	
各区域淋浴房	卫可1:200	每日上班前、下班后2次喷洒消毒	二选一
	安灭杀1:150		
人员手部消毒	卫可1:200	每个入口	
猪场换鞋间	安灭杀1:150	地毯消毒	二选一
	卫可1:200	剪指甲,消毒手部	
进场各种车辆	预冲洗	先彻底清洗,无可见污物	拉猪和饲料的车,须慎防冲洗过程中底部水滴飞溅至车辆上部。
	泡沫剂1:150浸泡,再冲洗(洗百健或殚渗)	先对车辆彻底清洗,然后打泡沫,挂壁30分钟,再用清水冲洗干净	
	安灭杀1:150	每车均使用	消毒结束静置30分钟
场区大环境(包括生产区、生活区)	5%氢氧化钠水溶液	发病场每天1次,转猪后对相关路线区域先进行火焰烧烤,然后氢氧化钠水溶液泼洒	连续处理3次,采样送检

续表

使用环境	消毒剂种类或方法	消毒频率或要求	备注
饲料车间/料仓	卫可1:200	环境空间，每天1次	喷雾
发病场带猪消毒	卫可1:200	每天进行	烟雾机雾化消毒
内部赶猪通道	火焰烧烤	每次转猪后	二选一
	卫可1:200	每日喷雾消毒地面	
	安灭杀1:150	每日喷雾消毒地面	
发病场地沟（含1米内受污染地面）	氢氧化钠、生石灰	氢氧化钠水溶液地沟泼洒5%；舍外地面粪污袋装收集，地面用5%氢氧化钠水溶液泼洒，再铺洒生石灰	封闭猪舍1次消毒即可，污染地面每天处理
无害化处理区	5%氢氧化钠水溶液	发病场每天1次	
污水池消毒	氢氧化钠水溶液浇泼污水池四周（发病场）	每月1次	
饮水消毒	卫可1:1000	疫情风险级别高时使用	二选一
	柠檬酸5‰（pH3.5～3.9）		
人员衣服消毒	卫可1:100浸泡（风险人员）沸水煮3～5分钟、清洗烘干	每天	
雨鞋消毒	干净无粪污，沸水煮3～5分钟，倒挂晾干	每天	

注：其他具体操作和细则参考农业农村部《非洲猪瘟应急处置技术（第五版）》执行；卫可通用名过硫酸氢钾，安灭杀通用名复方戊二醛。

三、生物安全车流控制

（一）生猪运输车

①猪场专用车统一在猪场洗消中心彻底进行清洁剂泡沫浸泡、冲洗、泡沫消毒、烘干，检查合格后填写车辆检查单并签字（第一道防疫屏障）；非猪场专用车统一在外来猪车洗消中心洗消、烘干。

②已在猪场洗消中心消毒的专用车经过泼有烧碱的土工布到达猪场路口，由生物安全员对运猪车进行检查，不合格的直接退回猪场洗消中心再彻底洗消、烘干后方可来场；检查合格的再由消毒人员穿上洗消装备（手套、蓝大褂、眼罩、口罩、帽子、雨鞋），对运猪车进行彻底全车挂泡消毒［复方戊二醛（安灭杀）1:200］，静置15分钟（第二道防疫屏障）。

③挂泡消毒完毕，将运猪车开到消毒架，消毒人员开启消毒开关，立体喷雾消毒30秒［碘酸混合溶液（百胜）1:300］，静置5分钟（第三道防疫屏障），再将运猪车开到装猪台。

（二）原料运输车

①原料运输车统一在猪场洗消中心彻底进行清洁剂泡沫浸泡、冲洗、泡沫消毒，才可进场；尽可能选择白天来场，凌晨来场的也应在猪场洗消中心进行清洗消毒［复方戊二醛（安灭杀）1:200］，静置15分钟（第一道防疫屏障）。

②已在猪场洗消中心清洗、消毒的原料运输车经过路口泼有烧碱的土工布到达猪场路口，由猪场办公室指定人员对原料车进行检查，不合格的退回猪场洗消中心继续清洗、消毒；合格的由消毒人员穿上洗消装备（手套、蓝大褂、眼罩、口罩、帽子、雨鞋），对原料车进行彻底全车挂泡消毒［复方戊二醛（安灭杀）1:200］，特别是轮胎和底盘，并静置15分钟（第二道防疫屏障）。

③在第二道消毒点消毒完毕，原料车驶入办公区大门口，到生活区大门口前又经过烧碱池（2%烧碱），对轮胎彻底进行浸泡消毒（第三道防疫屏障），由猪场生物安全员监督。

（三）猪场内部车辆

①员工所有车辆、猪场车辆均停放在办公区大门外（尽可能远离大门），且来场后都应第一时间对车子进行挂泡消毒、冲洗（特别是轮胎）。

②原则上不能叫外派车接办公室员工到场上班。如有必须，应要求外派车在猪场洗消中心进行挂泡消毒，内部臭氧消毒30分钟以上。

四、车辆洗消、烘干标准操作流程

（一）车辆检查工作（由洗消中心负责人检查车辆）

①车辆来洗消中心前，必须已经清洗过，并无明显粪污、明显血迹（特别检查车架U形管凹槽、车底盘、轮胎、保险杆、驾驶室等容易残留的地方）。

②未达标则让司机将车驶出洗消中心，重新冲洗，符合条件后方可安排洗消。

（二）底盘冲洗

①提醒司机关闭车窗。

②启动洗轮机，指挥车辆倒入洗消通道，以缓慢速度进入后，再以同样的速度开出通道，接着第二次以缓慢速度进入。

（三）清洁剂挂泡（下雨天要在室内或顶棚下操作）

①使用清洁剂1∶100（在喷壶中预先将清洁剂按2∶1用清水预稀释），对车体各个角落按从前到后、从上至下、从里到外的顺序进行彻底挂泡消毒。

②静置15分钟，使车体表面污物软化，便于下一步的高压冲洗。

（四）驾驶室消毒 [消毒水用复方戊二醛（安灭杀）1∶150、臭氧发生器]

①洗消中心门口放置土工布，烧碱或复方戊二醛（安灭杀）消毒水稀释后倒在土工布上，有车辆到洗消中心清洗的，洗消中心工作人员都应检查土工布上消毒水是否需要添加，要确保司机脚踩土工布时，土工布上有足够的消毒水。

②司机下车要拿出驾驶室脚垫给洗消人员清洗、消毒，司机应脚踩土工布15秒，双手使用香皂清洗后，再到办公室休息。

③洗消人员使用抹布浸泡消毒水后擦拭驾驶室的方向盘、挡位杆、座位等。

④驾驶室放入臭氧发生器熏蒸30分钟以上。

（五）高压冲洗（冬季须用高压热水）

①彻底冲洗30~40分钟。使用高压清洗机对车体各个角落按从前到后、从上至下、从里到外的顺序彻底进行冲洗。

②冲洗容易残留粪污的地方，如车架U形管凹槽、层板夹缝、车底盘、轮胎、

保险杆等。

③有多层的，必须爬到上层对层板夹缝彻底进行冲洗。

④应检查车底盘、轮胎内侧，无脏物后方可结束清洗。

（六）沥干（下雨天要在室内或顶棚下操作）

①车辆清洗干净后静置在沥水架或斜坡上沥水，静置沥水 15 分钟。

②必须是车头开上沥水架。

（七）消毒剂挂泡（下雨天要在室内或顶棚下操作）

①使用消毒剂复方戊二醛（安灭杀）1∶150（在喷壶中预先将消毒剂按 1∶1 用清水预稀释），对车体各个角落按从前到后、从上至下、从里到外的顺序彻底进行挂泡消毒。

②消毒结束后，车辆必须静置 15 分钟。

③车辆结束清洗、消毒后，可静置在固定停车点等待出车前的烘干。

（八）烘干

①车辆在出车前 1 小时驶入烘干房，进行烘干。

②烘干温度应控制在 70℃以上，至少 30 分钟。

③烘干房要确保正常运行。热风炉、温控等有故障应及时维修，并通知各子公司销售助理暂停安排专用车出车，直到烘干房正常运行。

（九）公司接收车辆确认

①洗消中心负责人应把车辆清洗、消毒、烘干的照片，以及小视频实时拍摄报备至猪场生物安全执行检查微信群。

②洗消中心负责人应在车辆清洗、消毒、烘干结束后填写《车辆清洗消毒烘干跟踪检查表》，所有未报备的车辆，公司均不能接收。

③生物安全员在猪只装车前，必须检查并汇报该车辆上一次的行驶记录有无异常，并记录检查情况。

（十）洗消、烘干简易流程

①车辆当天出车：清洗—消毒— 烘干— 验收。

②车辆当天未出车：清洗—消毒—静置等待出车前— 烘干 — 验收。

（十一）洗消、烘干点工作人员注意事项

①洗消工作结束后应更换衣物，当天的衣物需用过硫酸氢钾（卫可）1∶200浸泡30分钟后清洗、烘干。

②雨鞋要每天清洗干净。

③工作人员要保持工作地点卫生干净、整洁，消毒水的空瓶要及时清理。

④工作人员要做好物品的登记，当月使用情况的登记，并及时补充易耗品。

⑤工作人员应严格遵守猪场各项生物安全的规定，尽职尽责。工作中如发现问题，应及时反馈。

注：挂泡清洁可有效延长清洁剂停留在物体表面的时间，软化有机物，破坏细菌表面形成的生物膜，清除油脂，使下一步冲沉更彻底更干净；挂泡消毒可有效延长消毒液停留在车辆表面的时间，延长消毒液与病原菌作用的时间，消毒效果较一般消毒方式更彻底；消毒可视化。

五、中转站操作规程

（一）中转对象

屠宰猪只、种猪和商品猪苗。

（二）顺序

原则上专用车卸完猪离开后，非专用车方可开至装猪台装猪。

（三）卸猪台操作要求

1. 要求

只有猪场专用车才可在中转站卸猪台卸猪，专用车司机把公司需要中转的猪只拉到中转站卸猪台。专用车司机下车时应穿好鞋套、手套，负责把运输的猪只卸下，并关好闸门后才能离开。

2. 操作注意点

①专用车司机不可越过警戒线，不可接触中转站赶猪人员。

②专用车司机如有物件带给中转站赶猪人员，应把物件放在警戒线卸猪台栏杆上，中转站赶猪人员自取物件即可。

③中转站赶猪人员在警戒线以内接走猪只，除了清洗、消毒外不可越过警戒线，避免与专用车司机直接或间接接触。

④当天中转猪只结束后应清洗消毒卸猪台，特别是屠宰猪只中转结束时应马上清洗消毒卸猪台。

⑤专用车司机、中转站赶猪人员均有责任减少生物安全风险。

⑥当天中转结束后应用氢氧化钠消毒专用车停靠卸猪台处。

⑦专用车司机、中转站赶猪人员均应定期进行生物安全培训。

（四）中转站猪栏操作要求

①中转猪只赶到猪栏后，中转站赶猪人员应负责协调关猪，对于打架互咬的猪只要协调分开，不可让猪只一直打架，造成伤害。

②天气炎热时应适当冲水，降低猪栏温度，减少猪只应激。

③猪只中转结束后，中转站应彻底清洗、消毒。

（五）装猪台操作要求

1. 要求

猪场非专用车（屠宰场运输车辆、客户自带运输车辆）应在中转站装猪台装猪，中转站赶猪人员把中转的猪只赶上猪车，由非专用车司机负责关车门。

2. 操作注意点

①非专用车司机到达中转站后应穿上鞋套、防护服，不可越过警戒线。

②中转站赶猪人员应对非专用车进行全车消毒。

③非专用车司机应负责车辆栏位门的开、关，协助装猪。

④非专用车离开装猪台后，中转站赶猪人员应彻底清洗、消毒装猪台。

（六）中转站赶猪人员生物安全注意事项

①中转站赶猪人员来中转站前应换上干净的衣物，将当天的屠宰猪只转运结束后应回家洗澡，更换干净的衣物后到中转站中转种猪和商品猪苗，当天工作结束后也应回家洗澡更换干净的衣物。注意在中转站工作时穿的衣物当天要清洗，降低生物安全风险。

②中转站赶猪人员在中转站时穿的专用雨鞋要每天清洗、消毒。

③中转站赶猪人员应监督司机不能越过警戒线。

④中转站赶猪人员应把卸猪台与装猪台的物品分类保管，物品不可互用，避免接触。

⑤中转站赶猪人员应注意赶猪时要用赶猪板或赶猪拍赶猪，尽量温和，不可随意拍打猪只。

⑥专用车和非专用车司机换下的鞋套、防护服应当天进行处理（应放置在有氢氧化钠水溶液的垃圾箱中浸泡，氢氧化钠水溶液应没过鞋套与防护服，切不可未经处理就直接在中转站堆放）。第二次使用前可把已浸泡的鞋套、防护服扔附近的垃圾箱。

⑦中转站赶猪人员应严格遵守猪场各项生物安全规定，尽职尽责，在自己工作中发现问题并及时反馈。

(七）生物安全员监督工作

生物安全员应通过监控查看每次中转是否存在人员、车辆交叉污染等问题，并及时通知相应工作人员纠正。

(八）中转站应激猪只处理注意事项

①中转站应激猪只情况比较危急的禁止对外销售，应及时无害化处理。

②中转站原则上不得留猪。如果必须留猪，需要第一时间报备给公司，且不得留猪超过24小时。

(九）中转站的管理

①中转站工作人员的协调、工作安排均由猪场直接管理。

②中转站过道和猪栏每个月应刷白灰3次。

③中转站环境样品检测每个月要安排3次。

④生物安全员应定期检查中转站。

六、人员隔离消毒流程

隔离点必须保证隔离人员的食宿条件，同时应准备若干套工作服（包括保暖衣物，外套应与生产区工作服颜色有区别）、毛巾给返场隔离人员及新人隔离使用。猪场指定负责人负责请假和出门人员的返场隔离消毒检查、车辆安排等工作。

全体员工不得将偶蹄类动物制品（牛奶除外）、香肠、方便面（内包装有油、肉粒）、猪油成分饼干等可能携带非洲猪瘟病毒的物品带到猪场；办公室负责招聘人员必须在新员工来猪场前就要强调生物安全相关规定，特别是不得携带以上物品，少带衣物、现金（身上剩余现金由办公室主任接收，并转账同金额给该员工），棉被统一来场再买。隔离点监督负责人必须在隔离点对新员工进行生物安全宣讲，并在隔离结束前进行考核。

（一）离场前

离场前必须准备一套私人衣物放在返场洗澡间，并用袋子密封装好，写上名字（或准备好放仓管处，返场当天由仓管再放到返场洗澡间）。

（二）隔离

1.返场人员到隔离点前

返场人员到隔离点前，猪场指定负责人应提前一天提醒隔离点监督负责人做好接收与监督工作，并事先将准备好的整套工作服放在洗澡间。

2.隔离人员进入隔离点

①隔离点门口设置消毒地毯，隔离人员踩过消毒地毯，停留30秒后直接换上隔离点拖鞋再进入。

②鞋子清洗时鞋底浸泡过硫酸氢钾（卫可）30分钟，表面用过硫酸氢钾（卫可）擦拭。

③敞开行李，监督员对违禁品进行没收处理，拿出可浸泡的衣物至洗澡间用事先准备好的过硫酸氢钾卫可溶液（1:500）浸泡。手机、数据线、香烟、钱包等用过硫酸氢钾（卫可）擦拭。

④所有隔离人员在洗澡前后均需进行采样，采样位置主要包括手机、头发、

耳蜗、鼻孔、指甲,采样结果合格后 24～48 小时安排入场。反之,人员、行李等物品重新安排洗澡、消毒采样,隔离点环境彻底消毒。

⑤立即前往洗澡间洗澡,换上工作服,并即刻将换下来的衣物全部放到洗澡间事先准备好的硫酸氢钾(卫可)溶液(1:500)中浸泡 30 分钟,再放进洗衣机清洗。此过程由隔离点监督负责人现场监督、拍视频传给猪场指定负责人留档,同时填写记录表(表3)。

表 3　返场人员隔离记录表

填表时间:

姓名		来源地:	市	县
到达日期		携带违禁物品检查(是否合格)		
是否到过其他猪场和聚会		是否到过猪场规定的生物安全红线区		
洗澡时间		衣物消毒时间		
行李消毒时间		鞋子消毒时间		
采样检测结果				
填报人		生物安全监督员		

⑥整理好不能洗涤的物品、箱包送臭氧消毒间,物品敞开,定时消毒2小时(撤掉塑料袋,使用公司备好的袋子)。

⑦衣物用洗衣机清洗甩干完毕,放烘干机烘干1小时,等烘干结束后静置1小时,衣物方可收回。

⑧隔离期间,隔离人员禁止离开隔离点。

3. 隔离结束

隔离点监督负责人必须安排人员将使用过的床单、被套和枕套清洗消毒,并拍视频传给猪场指定负责人,同时填写清洗消毒记录表。

隔离点的洗衣机、烘干机、洗澡间等要定期清理,保证洗消环境的洁净,洗衣机要使用洗衣机清洗剂清洁,同时床上四件套、隔离服必须保证干净,无明显质量问题。无法再用的床上四件套、毛巾、隔离服要及时更换,沐浴露、洗发露、牙刷、牙膏等建议购买有品牌的大众产品,为隔离人员提供良好的生活条件。

(三)返场

①隔离结束,由猪场指定负责人安排猪场车辆将隔离人员送回猪场。

②换上生活区拖鞋，行李（如手机、数据线、香烟、钱包、鞋子等）继续敞开放在猪场消毒间进行臭氧密闭熏蒸2小时。

③隔离人员进入返场洗澡间沐澡，穿上离场前预留的私人衣物，并将换下的工作服全部放到储物箱中，添加足量过硫酸氢钾（卫可）溶液（1:500），浸泡消毒30分钟，再放进洗衣机清洗。洗完后使用烘干机烘1小时，然后仓管负责将其装入自封袋中交给办公室，猪场安排司机拿到隔离点，并对外包装进行臭氧熏蒸消毒2小时。

④禁止员工将私人衣物带入生产区。住在生产区的员工应将私人衣物存放在仓库或生活区隔离间。

⑤每月10、20、30日对隔离点洗澡间、宿舍进行采样监测（非洲猪瘟与猪圆环病毒2型），由隔离点检查人负责采样送检。

七、防疫物资储备清单

根据防疫处置要求，场长及兽医总监协商制订应急物资采购清单（至少供1个月耗用）（表4），各单位全力配合。物资进场前应做好消毒。

表4　防疫物资明细表

分类	物资明细	备注
采样用物资	长棉签（独立包装）	口鼻拭子、血拭子、环境采样
	纱布	环境采样
	离心管	
	生理盐水	
	自封袋	
	一次性手套	
	记号笔	
消毒用物资	复方戊二醛（安灭可）	栏舍洗消、环境消毒
	过氧乙酸	带猪消毒
	过硫酸氢钾（卫可）	人员、衣物、猪只、环境等消毒
	氢氧化钠	栏舍洗消、环境消毒
	生石灰	环境消毒
	柠檬酸	水、食品消毒
	泡沫清洗剂	
	高温高压清洗机	
	电动喷雾消毒机	
	臭氧消毒机	
疫情处置用物资	彩虹条布	分区隔离、道路围护、尸体包裹等
	毛毡布	道路围护、车辆围护
	密封转运车	少量猪只运输
	电处死设备	少量猪只处死
	敌敌畏	少量猪只处死
	强力透明胶	用于封口、密封
	铁丝	

续表

分类	物资明细	备注
劳保用品	水鞋	
	一次性防护服	
	鞋套、手套	
	消毒桶	
	垃圾桶	
	垃圾袋	
生活物资	棉被	
	衣物	足量，保证清洁衣物更换
	水杯、牙刷	
	毛巾	
	单人床	
	隔离宿舍	后勤人员居住、场内隔离人员居住及洗澡

八、非洲猪瘟应急演练处置流程

表 5 非洲猪瘟应急演练处置流程

阶段	第一阶段（前驱期）	第二阶段（排毒期）	第三阶段（爆发期）	第四阶段（毁灭期）
感染天数	0～3 天	4～6 天	7～9 天	10～15 天
临床症状	无明显临床症状，或者出栏采食不积极但不影响总体，群体采食中被挤出，目光略显呆滞	采食量下降，但不明显，体温 39.5～40.5℃；有的皮肤略表现发红；个别猪突然死亡，只有脾脏变化，其他脏器不明显	腹部、下颌等皮肤发红明显，体温 40.5℃以上，部分神经症状，喜卧	出现大面积发热、群体采食下降、死亡、流产、便血、吐血等症状
检测经验值（CT）qPCR	鼻肛拭子阴性或者 CT 值 38～40，淋巴结 CT 值 30～35	鼻肛拭子 CT 值 32～38，淋巴结 CT 值 27～30，血液开始出现阳性	鼻肛拭子 CT 值 29～34，淋巴结 CT 值 20～26	鼻肛拭子 CT 值 25～30，淋巴结 CT 值 16～20
排毒情况及状态	尚未对环境明显排毒	出现排毒，影响周围猪群	大量排毒，严重影响周围及其可能的交叉造成扩散	群体感染
处置措施	小单元清除，如单头饲养清除周围各 1 头，商品猪同一栏清除	小单元扩大清理，如通体水料槽同一小节的猪清除；商品猪清除同栏舍及受影响栏舍的猪	第二阶段扩大 3 倍；商品猪结合料槽检测，CT 值 35 清除	清群（同单元、同栋或同舍）或清空

参考文献

[1] 王志亮，吴晓东，王君玮.非洲猪瘟[M].北京：中国农业出版社，2015.

[2] ＢＥ斯特劳，ＳＤ阿莱尔，ＷＬ蒙加林，等.猪病学[M].赵德明，张中秋，沈建忠译.8版.北京：中国农业出版社，2000.

[3] 黄律.非洲猪瘟知识手册[M].北京：中国农业出版社，2019.

[4] 陈秋亭，朱丽娟，曾涣钦.非洲猪瘟暴发原因与对策[J].畜牧兽医科学，2019，09：71-73.

[5] 崔钰晨，陈骐.中国非洲猪瘟疫情概况及其疫苗研究进展[J].福建农业科技，2021，04：66-71.

[6] 黄剑，李国新，童光志.非洲猪瘟的流行病学及疫苗研究新进展[J/OL].中国动物传染病学报.https://kr.s.cnki.net/kcms/detail/31.2031.S.20210427.1004.006.html.